双発機の操縦

Transition to
Multiengine Airplanes
Turtbopropeller Powered Airplanes
Jet Powered Airplanes

佐藤　裕訳 / 赤星珪一監修

Translated by Yutaka Sato, Supervisison by Keiichi Akaboshi

鳳文書林出版販売㈱

《お断わり》
本書はアメリカ連邦航空局発行の「FAA-H-8083 Airplane Flying Hanbook」のうち、Chapter 12　Multiengine Airplanes（本書では第1章）、Chapter14　Turbopropeller Powered Airplanes（同第2章）、Chapter15　Jet Powered Airplanes（同第3章）を翻訳したものです。

目 次

Chapter 1　Transition to Multiengine Airplanes
第1章　双発機への移行

- 1－1　双発機の飛行 ･････････････････････ 2
- 1－2　概要 ･･･････････････････････････ 3
- 1－3　用語とその意味 ･･･････････････････ 3
- 1－4　システムの作動 ･･･････････････････ 7
  - 1－4－1　プロペラ ････････････････････ 8
  - 1－4－2　プロペラ・シンクロナイゼーション ････14
  - 1－4－3　燃料クロスフィード ･･････････････15
  - 1－4－4　燃焼式ヒーター ･････････････････17
  - 1－4－5　フライト・ディレクター/オートパイロット ･･17
  - 1－4－6　ヨー・ダンパー ････････････････20
  - 1－4－7　オルタネーター/ジェネレーター ･･････20
  - 1－4－8　機首の荷物室 ･････････････････21
  - 1－4－9　アンチ・アイシング/ディアイシング ････22
- 1－5　性能及び限界事項 ･････････････････25
- 1－6　重量及びバランス ･････････････････30
- 1－7　地上操作 ･･････････････････････37
- 1－8　通常離陸及び横風離陸と上昇 ･････････････38
- 1－9　レベル・オフと巡航 ････････････････42
- 1－10　通常進入と着陸 ･･････････････････43
- 1－11　横風での進入及び着陸 ･･････････････48
- 1－12　短距離離陸及び上昇 ･･･････････････50

1－13　短距離進入及び着陸・・・・・・・・・・・・・・・ 51

1－14　復　行・・・・・・・・・・・・・・・・・・・・・ 52

1－15　離陸中断・・・・・・・・・・・・・・・・・・・・ 54

1－16　浮揚後のエンジン故障・・・・・・・・・・・・・・ 55

1－17　飛行中のエンジン故障・・・・・・・・・・・・・・ 64

1－18　エンジンが故障したままでのアプローチと着陸・・・ 67

1－19　エンジン不作動時の飛行原理・・・・・・・・・・・ 70

1－20　スロー・フライト・・・・・・・・・・・・・・・・ 78

1－21　ストール・・・・・・・・・・・・・・・・・・・・ 79

　　　1－21－1　パワーオフ・ストール
　　　　　　　　（アプローチ及び着陸形態）・・・・・・・ 80

　　　1－21－2　パワーオン・ストール
　　　　　　　　（テイクオフ及びディパーチャー形態）・・ 81

　　　1－21－3　スピンに対する注意・・・・・・・・・・ 82

1－22　エンジン故障－方向維持不能の実証・・・・・・・・ 84

1－23　双発機の訓練に関して・・・・・・・・・・・・・・ 95

Chapter 2　Transition to Turbopropeller Powered Airplanes
第2章　ターボプロップ機への移行

2－1　概　要・・・・・・・・・・・・・・・・・・・・・ 104

2－2　ガス・タービン・エンジン・・・・・・・・・・・・ 104

2－3　ターボプロップ・エンジン・・・・・・・・・・・・ 106

2－4　ターボプロップ・エンジンの形式・・・・・・・・・ 109

2－4－1　フィックスド・シャフト・タービン・エンジン・　109
　2－4－2　スプリット・シャフト / フリー・タービン・エンジン・　114

2－5　リバース・スラストとベータ・レンジでの運転・・・　119

2－6　ターボプロップ機の電気系統・・・・・・・・・　122

2－7　ターボプロップ機の飛行・・・・・・・・・・・　126

2－8　訓練について・・・・・・・・・・・・・・・・　131

Chapter 3　Transition to Jet Powered Airplanes
第3章　ジェット機への移行

3－1　概　　要・・・・・・・・・・・・・・・・・　136

3－2　ジェット・エンジンの基礎・・・・・・・・・・　136

3－3　ジェット・エンジンの運転・・・・・・・・・・　140

　3－3－1　ジェット・エンジンの点火装置・・・・・　142
　3－3－2　連続点火・・・・・・・・・・・・・・・　142
　3－3－3　燃料用ヒーター・・・・・・・・・・・・　143
　3－3－4　出力の調整・・・・・・・・・・・・・・　143
　3－3－5　スラストとスラスト・レバーの関係・・・・　145
　3－3－6　回転数に伴うスラストの変化・・・・・・　146
　3－3－7　ジェット・エンジンの加速は遅い・・・・・　146

3－4　ジェット・エンジンの効率・・・・・・・・・・　148

3－5　プロペラ効果が存在しないこと・・・・・・・・　149

3－6　プロペラ後流が存在しないこと・・・・・・・・　149

3－7　プロペラ抗力が存在しないこと・・・・・・・・　151

3－8　速度域・・・・・・・・・・・・・・・・・・　152

3－9	オーバースピードからの回復操作・・・・・・・・・	157
3－10	マック・バフェット・バウンダリー ・・・・・・・	159
3－11	低速飛行 ・・・・・・・・・・・・・・・・・・	163
3－12	失　速 ・・・・・・・・・・・・・・・・・・・	165
3－13	抗力装置 ・・・・・・・・・・・・・・・・・・	172
3－14	スラスト・リバーサー ・・・・・・・・・・・・	174
3－15	ジェット機を操縦する感覚 ・・・・・・・・・・	178
3－16	ジェット機の離陸及び上昇 ・・・・・・・・・・	181
3－16－1	速度 ・・・・・・・・・・・・・・	182
3－16－2	離陸前のプロシージャー ・・・・・・	183
3－16－3	離陸滑走 ・・・・・・・・・・・・	185
3－16－4	機首上げ操作と浮揚 ・・・・・・・・	187
3－16－5	初期上昇 ・・・・・・・・・・・・	189
3－17	ジェット機でのアプローチと着陸 ・・・・・・・	190
3－17－1	着陸に関する要求事項 ・・・・・・・	190
3－17－2	着陸速度 ・・・・・・・・・・・・	191
3－17－3	大きく異なる点 ・・・・・・・・・	193
3－17－4	スタビライズド・アプローチ ・・・・	196
3－17－5	アプローチ速度 ・・・・・・・・・	198
3－17－6	グライドパスの調整 ・・・・・・・・	199
3－17－7	フレアー ・・・・・・・・・・・・	200
3－17－8	接地及び接地後の減速 ・・・・・・・	203

用語集 ・・・・・・・・・・・・・・・・・・・・・・・・ 207

第1章
双発機への移行

Transition to Multiengine Airplanes

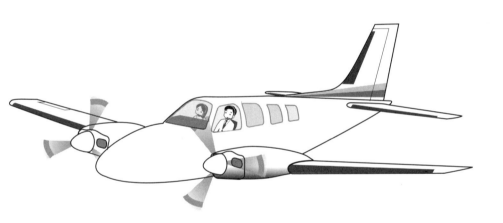

第1章　双発機への移行

1－1　双発機の飛行（MULTIENGINE FLIGHT）

　この章では、小型双発機で飛行する場合に必要な要素について説明する。このハンドブックにおける双発機とは、レシプロ・エンジン又はターボプロップ・エンジンを装備する、最大離陸重量12,500ポンド以下の飛行機を意味する。このハンドブックは、左右各翼にそれぞれエンジンを1基ずつ装備する、標準的な設計の飛行機について説明するもので、特に注記がない限り、レシプロ・エンジンを装備する飛行機を意味している。本書の中で使われている"小型双発機（Light-Twin）"という用語は、航空規則には定義されていないが、最大離陸重量6,000ポンド以下の双発機を意味する。

　双発機はクラス・レイティングに分類されているように、それぞれ独自の特性を有する。これらの特性を良く理解し、操縦技術に習熟しておくことは、これらの飛行機で安全に飛行するうえで必要となる。
　この章では、エンジンが片発不作動（OEI：One Engine Inoperative）になった場合に発生する、多くの様々な状態を説明する。双発機を安全に飛行させる上で重要となる、OEIとなってしまった場合の知識及び技術が伴わない状態で、無闇にOEIでの飛行状態にしてはならない、ということを強く覚えておいて欲しい。本書には不作動エンジンに関連する事項が多くを占めているが、これは双発機と単発機の飛行の違いを説明するためである。

　装備が充実している最近の双発機は、多くの状態で飛行することが可能となっている。しかし、単発機と同じく、安全に飛行するにはその飛行機が飛行できる範囲内に従い、最新の知識を持ち、しかも操縦技術を高く保ち続けているパイロットが操縦しなければならない。

　この章には、小型双発機のパイロット・トレーニング及び実地試験に必要

な飛行科目及びその実施方法に関するインフォメーションとガイダンスを示している。それぞれの型式の飛行機について、その飛行方法に関する承認はそれぞれの航空機製造会社が最終的な責任を持っている。

　フライト・インストラクター及び訓練を受けるステューデントは、航空機製造会社が定め、FAA の承認を受けている飛行機フライト・マニュアル（AFM）／パイロット・オペレーティング・ハンドブック（POH）の内容と本書に示されている内容が異なる場合、航空機製造会社が定めて FAA の承認を受けているこれら文書（AFM/POH）の示すガイダンスとその方法に従わなくてはならない。

1－2　概要（GENERAL）

　双発機と単発機の飛行には、エンジン故障時の飛行方法に、基本的な、しかも大きな違いがある。エンジンが故障した場合、性能及び操縦性が低下するという大きなマイナス面が出てきてしまう。最も大きな問題は、片方のエンジンが故障すると、今までのエンジン出力は 50％低下してしまうため、上昇性能を 80～90％、又はこれ以上低下させてしまう点である。この他にも、正常に作動しているエンジンの生み出す推力により、推力が非対称となるために生じてくる操縦性に関する問題がある。

　OEI になった場合の安全な飛行に重大な影響を及ぼす可能性のある、これら 2 項目の要素について、十分注意を払わなくてはならない。双発機の持つ性能、及びシステムの有効性を十分に使用して飛行するには、十分訓練を重ね、優れた操縦技術を持つパイロットになることが不可欠である。

1－3　用語とその意味（TERMS AND DEFINITIONS）

　単発機のパイロットは、すでに多くの性能を示す速度 "V" 及びその意味について習熟しているはずである。双発機の場合、OEI での飛行のみに該当する、幾つかの速度 "V" がさらに増えてくる。これらの速度には、片発動機になった場合の速度を示す注意として "$_{SE}$" の文字が追加されている。重要な速

第1章　双発機への移行

度 V を復習すると共に、双発機独自の新しく追加される速度を示すと、次のようになる。

- V_R －ローテーション速度（Rotation speed）をいう。
  　この速度は、操縦桿にバックプレッシャーを加え、飛行機を離陸姿勢にする速度をいう。
- V_{LOF} －リフトオフ速度をいう。
  　飛行機が滑走面を離れる速度である（製造会社によっては、離陸性能を V_R を基準にしている社もあり、V_{LOF} を基準にしている社もある）。
- V_X －最良上昇角速度をいう。
  　飛行機が一定の距離飛行する間に、最も高い高度へ上昇可能な速度である。
- V_{XSE} －片発動機不作動時に得られる最良上昇角速度をいう。
- V_Y －最良上昇率速度をいう。
  　飛行機が、単位時間内に最も高度を得られる速度である。
- V_{YSE} －片発動機不作動時に得られる最良上昇率速度をいう。速度計に青色放射線で表示している計器が多い。片発動機不作動時、絶対上昇限度に達した場合、その後の降下時には V_{YSE} は降下率を最小にする。
- V_{SSE} －訓練等、意図的に片発動機にする場合の安全速度 (Safe, intentional one-engine-inoperative speed) をいう。
  　以前は安全片発動機速度（Safe Single-Engine Speed）といわれていたが、現在では、連邦規則（CFR）14、連邦航空規則（FAR）Part23、「飛行機の耐空性に関する基準」に規定されており、その要求事項を満たす速度は、飛行機の AFM/POH 内に記載することが義務付けられている。意図的に臨界発動機を不作動にした場合、安全を確保するために保持すべき最小の速

度である。

- V_{MC} －臨界発動機不作動時の最小操縦速度をいう。

　速度計には赤色放射線で表示される。連邦航空規則Part23、「飛行機の耐空性に関する基準」に規定する条件のもと、方向維持のできる最小の速度である。小型双発機の場合、FAAの承認を得る場合に必要な条件は、承認を受けるための飛行を担当するテスト・パイロットによって、(1)突然、臨界発動機が停止した場合、ラダーを最大に踏み込み、最大バンク角5度以内の範囲で、機首方位が20度以上変化しないことを実証しなくてはならない。そして、(2)この後、5度以内のバンク角を保ち、直線飛行できることを実証しなければならない。

　速度V_{MC}で上昇できることを義務付ける要求事項はないが、機首方向を維持できることは要求事項となっている。さらに説明を加えると、飛行機が型式承認を受ける場合にV_{MC}を決定しておくことが必要であり、パイロット・トレーニングを行う場合、最小速度（V_{MC}）のデモンストレーションを実施する必要がある（図1－1）。

　AFM/POHに示されている速度Vは、注記されている場合を除き、海面上標準大気のもと、最大離陸重量で得られる速度になっている。性能に関する速度は、飛行機の重量、飛行形態及び大気の状態によって変化する。速度はマイル/時（m.p.h.）、又はノット（kts）、そして較正対気速度（CAS）、又は指示対気速度（IAS）で示される。

　一般的には、最近のAFM/POHは指示対気速度（KIAS）をノットで示すようになっている。いくつかの速度は連邦航空規則の要求通り、較正対気速度

図1－1　双発機の速度計とその標識

第1章　双発機への移行

（KCAS）をノットで表示されている。

　特に離着陸形態での双発機の上昇性能についていうと、エンジンが2つのユニットに分離されている単発機と同様と考えても差し支えない。連邦航空規則23には、一方のエンジンが停止してしまった場合、離着陸形態で高度を維持できることを要求する条文は存在しない。事実、いかなる形態においても、たとえ海面上の高度においてもその高度を維持できるよう要求される双発機は多く存在しない。

　片発動機不作動時の飛行機の上昇性能に関する、最新の連邦航空規則23に示されている要求事項は、次のようになっている。

・最大離陸重量6,000ポンド以上で、V_{SO}が61ノット以上の飛行機の場合、片方の発動機が不作動になってしまった場合、高度5,000フィート（MSL）での片発状態での上昇率（フィート/分）は、$0.027V_{SO}^2$以上でなければならない。
　　1991年2月4日以降に型式証明を受けた飛行機の場合、上昇に関する要求事項は上昇勾配1.5％となっている。この上昇勾配は、数式$0.027V_{SO}^2$で得られる値と等しいとはいえない。飛行機の型式と、承認を受けた年月日を間違えてはならない。双発機の中にはCAR3（現在のFAR制定以前に使用されていた民間航空規則をいう）での承認を受けている機体も数多く存在するからである。

・最大離陸重量6,000ポンド以下でV_{SO}61ノット以下の飛行機の場合、5,000フィートでの片発上昇率はかなり安易に決められている。上昇率が負、つまり上昇できない飛行機も存在する。高度5,000フィートに限らず、いかなる高度においても正の上昇率を得るようには規定されていない。この条件に合致する小型双発機で、1991年2月4日以降に承認を受けている

飛行機の場合でも、上昇勾配（正、又は負であっても）は安易に決められている。

　上昇率とは単位時間内に得られる高度をいい、上昇勾配とは飛行機が100フィート前進する間に得られる高度を意味し、％で示される。飛行機が100フィート前進する間に得られる高度が1.5フィートの場合（1,000フィート前進するごとに得られる高度は15フィートで、10,000フィートなら150フィートの高度が得られることになる）、上昇勾配は1.5％になる。

　特に離陸直後といった場合に片方の発動機が故障してしまうと、性能面の低下は著しいといえる。あらゆる飛行機の上昇性能は、通常の水平飛行に必要な出力に比べると、これを生み出す大きな出力が出せるか、によって決まってくる。例として、双発機の片方のエンジンが200馬力に相当する推力を発生する出力を有している場合、水平飛行に必要な出力は、両エンジンを合計した出力175馬力程度でよいとされる。この飛行機の場合、両エンジンが正常に作動しているとして、上昇に使用できるエンジン出力は225（200×2－175＝225）馬力ということができる。
　一方のエンジンが停止した場合、上昇に使用できる出力はわずか25馬力（200－175＝25）に低下する。理想的な飛行状態であるとしても、双発機の片側エンジンが停止した場合、海面高度であっても上昇率に関する性能は80〜90％も低下してしまうわけである。

1－4　システムの作動（OPERATION OF SYSTEMS）

　このセクションでは、多くの小型双発機にみられるシステムについて説明する。小型双発機にも単発機と同様なシステムが装備されている。そして小型双発機には、複雑な構造の単発機（Complex single-engine airplane）の装備するシステムと同じようなシステムが装備されている。
　このセクションには、一般的な小型双発機に装備されているシステムの作

第 1 章　双発機への移行

動及び原理を示しているが、双発又はそれ以上の数のエンジンを装備する飛行機の場合、それぞれ独特なシステムもある。

1－4－1　プロペラ（PROPELLERS）

小型双発機には、単発機と同じように定速プロペラ（Constant-speed Propeller）が左右エンジンに装備されているが、それぞれのプロペラを独自に操作できること、及びエンジンが故障した場合、抗力を最小限にできるフェザー機能を備えている点が異なる。片発時に得られる性能によっても異なるが、この機能は一方のエンジンが故障してしまった場合、着陸に適した空港へ向かう飛行を可能にしてくれる。

プロペラをフェザーするとエンジンの回転は停止し、プロペラも停止するので、プロペラ・ブレードは飛行機が飛行している相対風（Relative wind）の中にとどまるため、抗力を最小に抑えることができる（図 1 － 2）。

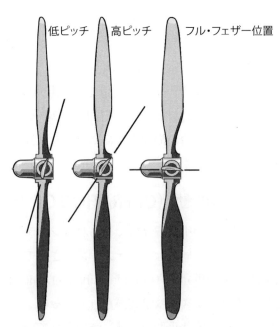

図 1 － 2　フェザーしたプロペラ（Feathered propeller）

フェザー操作は、プロペラがある角度のまま相対気流の中に存在すると発生する有害抗力（Parasite Drag）を抑えるため、どうしても必要である（図1−3）。

プロペラをフェザーし、プロペラの角度を変化させるとプロペラの発生する有害抗力は最小になり、多くの小型双発機の場合、飛行機に加わる全抗力をわずかしか増加させない。プロペラがフラットに近い小さな角度になっていると、プロペラの発生する抗力はかなり大きくなってしまう。ブレードの角度が小さいと、ウインドミル（Windmill）、つまり風車のように高回転するプロペラは、飛行機の操縦を不能にしてしまうほど大きな抗力を発生する。迎え角の小さい状態でウインドミルしている高回転のプロペラ・ブレードは、飛行機の持つ有害抗力と同じくらい、大きな有害抗力となってしまう可能性もある。

すでに学んだように、単発機の装備する、油圧でピッチ角を変化させるよ

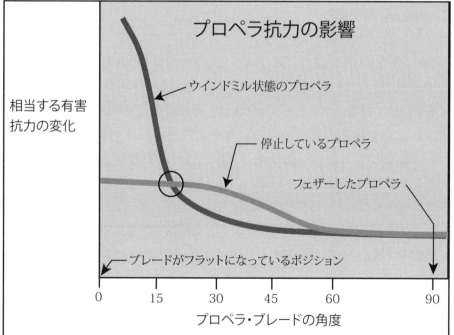

図1−3　プロペラ抗力の影響（Propeller drag contribution）

第1章　双発機への移行

うになっている定速プロペラに、フェザー機能は組み込まれていない。このプロペラの設計は、プロペラ・ガバナー（Propeller governor）からの高圧オイルでプロペラの角度を大きなピッチ角にするようにし、回転数を低下させるようになっている。

　これに比べ小型双発機の装備するプロペラは、フルにフェザー可能で、カウンターウェイト（Counterweight）を備え、油圧でピッチ角を小さくさせる設計になっている。この設計においては、プロペラ・ガバナーの供給するオイル圧力が上昇すると、フェザーとは異なりプロペラ・ブレードのピッチ角を小さくし、回転数を増加させる。
　高圧のエンジン・オイル圧力が常時供給されているため、プロペラはフェザリング位置にはならない。プロペラ・ガバナーが故障したり、オイル圧力が供給されなくなってしまった場合、プロペラをフェザリングさせるためにこの機能が必要である。

　ウインドミルで回転しているプロペラに加わる空力的な力は、ブレードを低ピッチにし、高速で回転させようとする。各ブレードのシャンク（Shank）に取り付けてあるカウンターウェイトは、その慣性力でブレードのピッチを大きくし、回転数を下げようとする。カウンターウェイトの慣性力（Inertia）、いわゆる遠心力（Centrifugal Force）は、ブレードに加わる空気の力よりも大きくなるように設計されている。
　プロペラ・ガバナーの供給する油圧力は、カウンターウェイトの発生する力に打ち勝ち、ブレードを低ピッチにし、高回転できるように作用する。油圧が低下すると回転数は低下するため、カウンターウェイトの影響が出始めてくる（図1－4）。

　プロペラをフェザーするには、プロペラ・コントロール・レバーを最後方位置に操作する。ガバナー内の全オイル圧力は抜け、そしてカウンターウェ

システムの作動

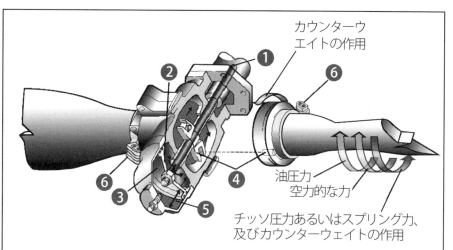

図1-4　ピッチを変える力（Pitch change forces）

① 高圧のオイル圧力は、プロペラ・シャフト及びピストン・ロッドの中心部からシリンダーに入る。プロペラの調整装置は、ガバナーからの高圧オイルの流れを調整する。

② プロペラのハブ内にあるハイドロリック圧力で作動するピストンは、ピストン・ロッドで各ブレードに結合されている。このロッドは、各ブレードの基部に取り付けてあるピッチ-チェンジ・ピンのフォークに結合されていて、このフォークはピッチ-チェンジ・ピン上を移動する。

③ オイル圧力は、ピストンをシリンダーの前方に動かし、ピストン・ロッドとフォークを前方に移動させる。

④ フォークは、各ブレードのピッチ-チェンジ・ピンをハブの前方に移動させ、各ブレードは前方の低ピッチ方向に捻じ曲げられる。

⑤ ハブ前方のチッソ圧力変化、又は機械的なスプリングの力はオイル圧力に対抗し、プロペラを高ピッチ方向へ移動させようとする。

⑥ カウンターウェイトもブレードを高ピッチ方向及びフェザー位置へ移動させようとする。カウンターウェイトは、ブレードを低ピッチ角にしようとする空力的な力に対抗する。

第1章　双発機への移行

イトはプロペラ・ブレードをフェザー位置に移動させる。回転数が低下すると、カウンターウェイトの遠心力も低下するので、プロペラ・ブレードを完全にフェザーするにはさらに力が必要になる。

　さらに加わる力とは、ブレードをフェザー位置にする、スプリング又はプロペラ・ドーム内に蓄えられている高圧の空気圧をいう。これらの全行程は10秒以内に完了する。

　フェザーさせるとブレードの角度は変化し、エンジンも回転を停止する。完全にエンジンを停止状態にするため、パイロットは燃料系統（ミクスチャー、電動式燃料ブースト・ポンプ、及び燃料のセレクター・レバー）、イグニッション、オルタネーター/ジェネレーターをオフにし、カウル・フラップを閉位置にしなければならない。

　飛行機に与圧装置が装備されているなら、停止させたエンジンのエアー・ブリード（Air Bleed）を閉じる必要がある場合もある。防火壁シャットオフ・バルブ（Firewall shutoff valves）を装備している飛行機の場合、これら一連の操作をこのスイッチ1つですべて行うことが可能である。

　故障したエンジンを完全に停止させるこれらの操作は、故障した状態とか高度の余裕や時間的な余裕によって必ず必要であるとは言えない。燃料のコントロール装置、イグニッション、及びオルタネーター/ジェネレーターのスイッチがどのような位置にあったとしても、飛行機の性能には全く影響を及ぼさない。このように操作に急を要すとかプレッシャーが大きいような状態下では、誤ったスイッチの操作をしてしまう可能性は常に存在する。

　プロペラをアンフェザー（Unfeather）するには、エンジンを回転させてプロペラ・ブレードをフェザー位置から移動させるため、オイル圧力を作り出してやる必要がある。エンジンを回転させる前にイグニッションをオンにし、スロットル・レバーを低速回転のアイドル位置にし、ミクスチャー・レバーをリッチ側にしておく。プロペラ・コントロール・レバーを高回転にす

るハイ位置にし、スターターを作動させる。

　プロペラは回転してエンジンは始動し運転を始め、オイル圧力が上昇し始める。エンジンが始動したならすぐにプロペラ・コントロール・レバーを低回転側に操作し数分間、暖機運転（Warm up）させるが、この時、パイロットはシリンダー・ヘッド温度及びオイル温度に注意しなければならない。

　スターターを操作してもプロペラをアンフェザーできないようなら、飛行機を小さな降下角度で増速させてやればできるはずである。
　どのような場合においても、AFM/POHに示されているアンフェザリング操作方法通りに操作しなければならない。多くの航空機製造会社は、フェザリング操作時に大きなストレスが加わるうえ、この操作により振動が発生するため、地上でフェザリング方法及びフェザーさせたレシプロ・エンジンを再始動させる訓練を行うことを強く勧めている。

　今まで説明したように、プロペラ・ガバナーからオイル圧力が無くなってしまうと、カウンターウェイトとスプリング／ドーム内の圧力がブレードをフェザーさせる。理論的に、エンジンが停止してしまうと、オイルの圧力がゼロになってしまうため、プロペラ・ブレードは常にフェザー位置になるはずである。しかし、実際はこうにはならない。プロペラ・ハブのメカニズム内に組み込まれている小さなピンは、プロペラ回転数が800回転以下になったとしても、不用意にフェザーしないよう防いでいる。このピンはプロペラ回転数低下による遠心力の低下を感知すると規定の位置に動き、ブレードがフェザー位置にならないように防いでいる。
　従って、プロペラをフェザーする場合には、プロペラ回転数が約800回転以下になる前に、ピンを規定の位置以外にしておかなくてはならない。ポピュラーなターボプロップ・エンジンに装備されているプロペラには、エンジンを停止させるたびにフェザー位置になる形式のものもある。このタイプのプロペラには、独特のエンジン設計により、先ほど説明した遠心力により

第1章　双発機への移行

作動するピンは装備されていない。

　飛行中、フェザーしたプロペラを、電動スターターを使わずにアンフェザーさせる任意装備品として、アンフェザリング・アキュムレーター（Unfeathering Accumulator）がある。アキュムレーターとは、予備的に使用する高圧を蓄える装置をいう。双発機に装備されるアンフェザリング・アキュムレーターには、圧縮空気、又は圧縮チッソで加圧されている少量のエンジン・オイルが蓄えられている。飛行中、パイロットはプロペラ・コントロールをフェザー位置以外の位置に移動させ、アキュムレーターに蓄えられている圧力でフェザーしたエンジンを始動させる。

　加圧されているオイルはプロペラ・ハブに流れ、プロペラ・ブレードを低ピッチで高回転できるピッチにしようとし、こうしてプロペラはウインドミルし始める（飛行機によっては、プロペラをアンフェザーさせ、エンジンを回転させるため、電動スターターで補ってやる必要のある場合もある）。燃料が供給され、点火系統も作動状態になっているなら、エンジンは始動し、運転し始める。

　訓練に使用する飛行機にこの装置が装備してあれば、電動スターターとバッテリーの寿命を長くするはずである。エンジンが運転状態になると、圧力を放出したアキュムレーターは、プロペラ・ガバナーからの高圧オイルにより、再度圧力が充填される。

1−4−2　プロペラ・シンクロナイゼーション（PROPELLER SYNCHRONIZATION）

　多くの双発機には、装備するプロペラの回転数が似通った回転数であるにもかかわらず、全く同じ回転数ではないために生じる不協和音、又は唸り音を取り除くため、回転数を同調させるプロペラ・シンクロナイザー（プロップ・シンク）が装備されている。このプロップ・シンクを使用するには、まずパイロットは両エンジンの回転数をほぼ同じに調整し、そしてこの装置を作動させる。

　プロップ・シンクは一方（スレイブ側）のエンジン回転数を、同調させる側のエンジン（マスター側）回転数と同じ値にし、この関係を保ち続ける。

プロペラ回転数を変える場合には、このプロップ・シンクを解除し、新たな回転数に変えた後、再度プロップ・シンクを作動させる。離着陸時、及び片発での飛行中、このプロップ・シンクを使用してはならない。システムの概要及び限界事項に関してはAFM/POHを参照しなければならない。

　プロペラ・シンクロナイザーが変化したものの一つに、プロペラ・シンクロフェイザー（Propeller Syncrophaser）がある。このプロップ・シンクロフェイザーは、シンクロナイザーと同様に両エンジンの回転数を同調させるのみにとどまらず、さらにもう一段上をいく調整をする。エンジン回転数を同調させるのみではなく、両エンジンに装備されている各プロペラ・ブレードの位相をも同調してくれる。プロペラ・シンクロフェイザーを装備することで、プロペラの発生する騒音及び振動はかなり軽減される。
　パイロットが行うプロペラ・シンクロナイザーとプロペラ・シンクロフェイザーの操作方法はかなり似通っている。このシンクロフェイザーは、プロップ・シンクとほぼ同様であるといわれるが、技術的な観点からみると異なる点があるため、このように呼ばれる。

　両プロペラをパイロット自らがシンクロさせる補助として、双発機の中には回転計の中に、ディスクが回転する小さなゲージを装備しているものもある。パイロットがこの小さなディスクを停止させるようにエンジン回転数を調整すれば、プロペラ回転数をシンクロさせることができる。プロペラの発生する唸り音を聞きながら、エンジン回転数を同調させる手助けとなる装置である。
　このゲージは多くのプロペラ・シンクロナイザー及びプロペラ・シンクロフェイザーにも組み込まれている。パイロットがノブを操作し、プロペラの位相を調整するシンクロフェイズ・システムもある。

1－4－3　燃料クロスフィード（FUEL CROSSFEED）

　燃料クロスフィード・システムも双発機独特の装備品である。このクロス

第1章　双発機への移行

フィードを使用し、エンジンは反対側の翼にある燃料タンクの燃料で運転することが可能となる。

　多くの双発機の場合、片発動機での飛行において航続距離を長くしたり、飛行可能な時間を延長する目的で、緊急操作手順としてこのクロスフィード・モードでの操作が含まれている。一部の飛行機においては、通常の飛行において左右の燃料のバランスを保つため、クロスフィードを行うものもあるが、一般的であるとは言えない。双発機にとって重要なクロスフィードに関する操作手順及び限界事項については、AFM/POH を参照しなければならない。

　地上で燃料セレクター・レバーを素早く切り替えて確認することは、ハンドルが異常なく自由に動くか確認するだけのものではない。実際に、クロスフィードが問題なくできること、クロスフィード・システムの機能は正常であることを確認しておかなくてはならない。

　ランナップ時にこの確認を行うには、左右両エンジンを運転し、クロスフィード位置にし、異常がないことを確認しておかなくてはならない。離陸前、左右片方ずつについて行うべきで、中程度のエンジン回転数（少なくとも 1,500rpm 以上）で運転しながらクロスフィードし、少なくとも1分間以上離陸時に使用するメイン燃料タンクで運転し、燃料流量が十分であることを確認しなければならない。

　飛行するたびにこの点検を行う必要はない。しかし、あまりこのクロスフィードを行わない場合、クロスフィード燃料ラインは水分とか異物が蓄積しやすい個所であるため、飛行前点検時、外部ドレインから燃料を抜き取り、水分や異物は混入していないか点検しなければならない。

　片発動機になって飛行しているものの、着陸可能な飛行場が近くに存在する場合、特にクロスフィードする必要はなく、更には離陸時及び着陸時にクロスフィードしていてはならない。

システムの作動

1－4－4　燃焼式ヒーター（COMBUSTION HEATER）

　双発機には、広くこの燃焼式ヒーターが装備されている。小さな炉の中でガソリンを燃焼させ、機内の人々に暖かな空気を作り、これを送って快適な環境を提供し、ウインドシールドの防曇用の暖かい空気を作り出す装置を示す、うってつけな名称であると言える。サーモスタットで温度調整する方式のシステムの多くには、整備用としてヒーターの使用時間を積算するアワー・メーター（Hour Meter）が独自に装備されている。

　飛行中に操作はできないが、このヒーター・ユニットには温度スイッチで作動する自動高温防止装置が設けられている。何らかの原因でこのスイッチが作動してしまい、このスイッチをリセットしようとする場合、パイロット及び整備士ともにユニットが高温で損傷を受けていないか目視点検し、確認しなければならない。

　この燃焼式ヒーターの使用を終えた場合、ある程度のヒーター・システムの冷却時間が必要である。多くのヒーターでは、飛行中少なくとも15秒間以上外気（Outside Air）をユニット内に流すか、機体が地上にいる場合、少なくとも2分間以上システムの換気ファンを回し、冷却しなければならない。十分に冷却しておかないと、熱を感知して作動する温度スイッチが作動し、スイッチをリセットしない限り、ヒーター不作動の原因となりがちになってしまう。

1－4－5　フライト・ディレクター/オートパイロット（FLIGHT DIRECTOR/AUTOPILOT）

　装備の行き届いた飛行機には、フライト・ディレクター/オートパイロット（FD/AP）がよく装備されている。このシステムは、ピッチ運動、ロール運動、ヘディング、高度及び航法援助用無線施設の各情報すべてをコンピューター内に統合している。コンピューターが計算したコマンド（Computed Commands）は、FCIと略号されるフライト・コマンド・インディケーター

第1章　双発機への移行

（Flight Command Indicator）に表示される。この FCI は一般的な姿勢指示計器（Attitude Indicator）の代わりとして計器盤上に装備される。この FCI は、フライト・ディレクター・インディケーター（FDI：Flight Director Indicator）、又はアティテュード・ディレクター・インディケーター（ADI：Attitude Director Indicator）と呼ばれることもある。フライト・ディレクター/オートパイロット・システム全体を、製造会社によっては統合フライト・コントロール・システム（IFCS：Integrated Flight Control System）と呼ぶこともある。別の製造会社ではオートマティック・フライト・コントロール・システム（AFCS：Automatic Flight Control System）と名付けている。

　FD/AP は異なる 3 種のレベルで作動可能である。
・オフ：Off（生のデータ：Raw Data）
・フライト・ディレクター：Flight Director（計算されたコマンド：Computed Command）
・オートパイロット：Autopilot

　システムをオフにすると、FCI は普通のアティテュード・インディケーターとして作動する。FCI の多くは、フライト・ディレクターをオフにするとコマンド・バーは端に移動し、見えなくなるようになっている。パイロットは、あたかもこれらシステムが装備されていないかのように、飛行機を自由に飛行させることができる。

　フライト・ディレクターを使用して飛行機を操縦する場合、パイロットは自分の望む作動モード（ヘディング、高度、NAV インターセプト及びトラッキング）を FD/AP モード・コントローラーに入力する。計算されたフライト・コマンドはパイロットが視認できるよう、FCI 上にシングル・キュー（Single-cue）、又はデュアル・キュー（Dual-cue）の形式で表示される。シングル・キュー・システムの場合、このコマンドは "V" 字型のバーで表示さ

れる。デュアル・キュー・システムの場合、このコマンド・バーは、独立した2本のバーで表示され、1本はピッチ、もう1本はロールに関するコマンドを示している。飛行機をコンピューターの計算したコマンド通りに飛行させるには、パイロットは飛行機のシンボルを、示されているキューと重ねあわせるように操縦するだけで良い。

多くのシステムでは、オートパイロットをエンゲージさせるには、まずフライト・ディレクターを作動させなければならないようになっている。この操作が済んでいれば、パイロットはモード・コントローラーでオートパイロットをエンゲージさせることができる。オートパイロットは、フライト・ディレクターに示される、計算されたコマンド通りに飛行機を操縦する。

他のコンピューターと同様に、FD/APシステムも入力のみに従って作動する。パイロットは、入力する指示が飛行しようとする状態に適しているか、必ず確認しなければならない。通常、アーム（Armed）/エンゲージ（Engaged）されているモードはモード・コントローラー上、又は独立しているアナウンシエーター（Annunciator）上に点灯で表示される。飛行機をパイロット自らが手動操縦する場合、又はフライト・ディレクターを使用しない場合、オフにしてコマンド・バーが見えないようにしておく。

システムをエンゲージする前には、FD/APコンピューター及び飛行機のトリム状態を確認しておかなくてはならない。

最新のシステムの場合、多くのシステムはシステム自体の自己診断、つまりセルフ・テスト（Self-test）が完了するまでエンゲージできないようになっている。パイロットは正常に飛行中に緊急状態に陥った場合、直ちにシステムを解除する必要があり、事前に様々なディスエンゲージメント（Disengagement）方法をよく理解しておかなくてはならない。

システムが受けている承認（Approval）及び限界事項（Limitation）等

の詳細は、AFM/POH の追加飛行規程（Supplements）内に示されている。FAA の要求に応じ、多くのアビオニクス製造会社は、パイロットがシステムを操作するうえで必要な詳しい情報を提供してくれる。

1－4－6　ヨー・ダンパー（YAW DAMPER）

　ヨー・ダンパーとは、ジャイロ（Gyroscope）又は加速度計（Accelerometer）の感知した、機首を振ろうとする動き（Yaw rate）に関する信号を受け、ラダーを操作するサーボ（Servo）である。ヨー・ダンパーは乱気流によって発生する垂直軸（Vertical axis）回りの動きを最小に抑える（後退翼機の場合、ヨー・ダンパーはダッチ・ロール特性：Dutch roll characteristics を強力に抑える機能を発揮する）。ヨー・ダンパーを作動させておくと、機体後部の座席に座る乗客に、より快適な乗り心地を与えてくれる。

　離着陸時、ヨー・ダンパーは必ずオフにしておかなくてはならない。片発動機になった場合、ヨー・ダンパーを作動させておくと、飛行性能を低下させてしまう可能性がある。多くのヨー・ダンパーはオートパイロットとは別に、独自に作動させることができるようになっている。

1－4－7　オルタネーター/ジェネレーター（ALTERNATOR/GENERATOR）

　左右両エンジンに装備されているオルタネーター/ジェネレーターは平行に接続されていて、電気的な負荷が両方に等しく加わるようにしてある。どちら側かのオルタネーター/ジェネレーターが故障した場合、故障した側をオフにし、正常なオルタネーター/ジェネレーターから飛行機に必要な全電力を供給する。

　いずれか一方のオルタネーター/ジェネレーターで電力を供給する場合、発電できる容量によっては、使用している電装品を（各装備品の消費電力を見て）オフにしなければならない場合もある。システムの概要及び限界事項については、AFM/POH に示されている場合がある。

1－4－8　機首の荷物室（NOSE BAGGAGE COMPARTMENT）

　一般的に双発機は（ごく僅かであるが、単発機においても）、機首に荷物室が設けてある。搭載可能な重量の限界及び確認方法が示されているだけで、特に機首の荷物室は珍しい装備ではない。ここではパイロットが正しくラッチせず、荷物室のドアを固定しなかったために生ずる可能性のある危険性について触れてみる。特に離陸直後に発生しやすいのだが、確実にドアが固定されていないと開いてしまい、中の荷物が吸い出され、プロペラ回転面にぶつかってしまうことが多い。

　仮に荷物室内が空であったとしても、開いてしまったドアに気を奪われたパイロットは不注意な状態に陥って、事故に至ってしまう場合もある。機首荷物室のドアを正しくラッチして固定することは、重要な飛行前点検項目であると言える。

　飛行中、機首荷物室のドアが開いてしまったとしても、多くの機体は飛行し続けられるであろう。開いたドアが気流を乱し、バタバタという大きな騒音を発するかもしれない。本来、飛行機を飛行させ続けることに専念すべきところを、開いてしまった荷物室のドア（又は同じようなトラブル）にばかり気をとられるようなことがあってはならない。

　飛行前、荷物室内部を詳しく調べることも、飛行前点検の重要な項目の一つである。空だと思っていた荷物室の内部を調べ、バラストとも思える用具を見つけ、驚くパイロットもいることだろう。

　トウ・バー（Tow bar）、エンジン空気吸入口用のカバー（Engine inlet covers）、駐機時に使用する日よけ（Windshield sun screens）、オイル缶（Oil containers）、予備のチョーク（Spare chokes）とか小さな工具類等が入っている可能性もあるので、飛行中勝手に動きダメージを及ぼすことのないよう、これらがきちんと固定されていることを確認しなければならない。

第1章　双発機への移行

１－４－９　アンチ・アイシング / ディアイシング（ANTI-ICING/ DEICING）

　双発機によく装備されているアンチ・アイシング / ディアイシング装置は、異なるシステムで構成されている場合が多い。これらは、それぞれ持っている機能別にアンチ・アイシング・システム、又はディアイシング・システムと呼ばれる。機体が凍結気象状態（Flight in icing conditions）での飛行に関する承認を受けている場合、アンチ・アイシング / ディアイシング・システムは装備されているシステムで十分である。

　凍結気象状態での飛行に関しては、AFM/POH、プラカードに記されており、疑問があるなら航空機製造会社に問い合わせを行い、飛行する機体が受けている飛行承認及び限界事項を理解しておかなくてはならない。アンチ・アイシングと言われる装備品は、着氷により不具合の生じる部分に装備し、着氷しないようこれを防止する。

　アンチ・アイシング装備品には、加熱装置を持つピトー・チューブ（Pitot tubes）、加熱装置又は非凍結構造（non- icing）になっている静圧口（Static ports）及び燃料ベント（Fuel vents）、電熱式ブーツ（Electro thermal boots）又はアルコール噴射装置（Alcohol slingers）を装備するプロペラ・ブレード、アルコール散布装置又は電熱装置を持つウインドシールド、ウインドシールドの防曇装置（Defoggers）、加熱装置を持つ失速警報装置（Stall warning lift detectors）等が含まれる。多くのターボプロップ・エンジンの"Lip"部（空気吸入口の周辺部）はブリード・エアー（Bleed air）又は電気的に加熱されている。AFM/POHに示されていなくても、凍結気象状態（Flight into known icing condition）又は着氷する可能性のある（Suspected icing condition）空域に突入する前に防氷装置を作動させておかなくてはならない。

　一般的にディアイシング装備品とは、主翼及び尾翼前縁の一部分に装備され、空気で膨らませるブーツに限定される。ディアイシング装備品とは、着氷しては具合の悪い機体部分に、ある程度の着氷が起きてしまった場合、作

動させて氷を取り除く、つまり除氷する装置をいう。

　パイロットがこの装置を作動させると、空気ポンプ（Pneumatic pumps）の作り出す空気圧はブーツを膨らませ、表面に付いた氷を吹き飛ばしてしまう。数秒間膨らんだブーツはバキューム圧により、通常の位置へ戻る。パイロットは着氷の進み具合に気を配り、AFM/POHに示されている指示の通り、除氷ブーツを作動させなければならない。左エンジンのナセルには、夜間に着氷状態を点検できるように、アイス・ライト（Ice light）が取り付けられている。

　この他、凍結気象状態で飛行するために必要な機体の装備品には、非常用空気吸入口（Alternate induction air source）及び静圧口の非常用空気吸入口（Alternate static air source）がある。装備されているなら、耐着氷性アンテナ（Ice tolerant antennas）も含まれる。

　空中の氷が通常のエンジン空気吸入口周辺にぶつかり着氷するようなら、キャブレターを装備するエンジンならばキャブレターの加熱装置（Carburetor heat）を作動させなければならず、燃料噴射装置装備エンジン（Fuel injected engines）の場合、非常用空気吸入口を開いてやらなければならない。
　通常のエンジン空気吸入口への着氷は、固定ピッチ・プロペラ（Fixed-pitch propellers）を装備する飛行機の場合、エンジン回転数の低下で分かり、定速プロペラ（Constant speed propellers）を装備している場合には、エンジンの吸気圧力（Manifold pressure）の低下として現れてくる。燃料噴射装置装備エンジンを装備する飛行機では、通常のエンジン空気吸入口が着氷で塞がれてしまうような場合、自動的に非常用空気吸入口が開く構造になっている機体もある。
　非常用静圧口は、めったに起こらないのだが、ピトー静圧システム用の通常の静圧口が塞がれてしまった場合、これに代わり静圧を供給する。与圧式

第1章　双発機への移行

ではない飛行機の場合、この非常用静圧口はキャビン内に設けられている。与圧式キャビンを持つ飛行機の場合、この非常用静圧口は与圧されていない荷物室内に設けられている。

　パイロットはこの非常用静圧口を使用する場合、コクピットに装備されているバルブ又はフィッティングを開かなければならない。これを作動させると速度計、高度計及び昇降計（VSI：Vertical Speed Indicator）に影響が表れ、ある程度の指示誤差が生じてしまう。AFM/POHに較正表が示されている場合が多い。

　アンチ・アイシング/ディアイシング装置は、これらで保護されている機体表面から氷を取り除くだけである。アンチ・アイシング/ディアイシング装置を正しく作動させていても、これらの装置が付いていない部分への着氷が激しくなってしまう可能性もある。通常の上昇速度であっても大きな迎え角で上昇すると、これらの装置が付いていない翼の下面に厚い着氷の発生してしまう場合もある。

　多くのAFM/POHには、着氷する空域での飛行について、最少速度を維持し、飛行すべきであると指示されている。着氷は飛行特性を低下させるとともに、性能の低下を及ぼす可能性を持つ。着氷している場合、パイロットは失速について、失速警報装置のみに頼り切ってはならない。

　飛行機各部への着氷は不均一であり、重量及び抗力を増加させ、推力及び揚力を減少させてしまう。着氷は翼形（Wing shape）によっても異なり、薄い翼の部分は、厚くキャンバーの大きい部分より着氷しやすい。この理由から、水平安定板は主翼よりも着氷しやすい。

　水平安定板が着氷している場合、フラップ下げ角を最小（フラップの下げ角を大きくすると、水平安定板の迎え角を大きくしてしまう）にし、速度も多めに保ってアプローチし、着陸する。急激に、しかも大きな速度変化を行ってはならず、急激な機体の形態（Configuration）の変更も行って

はならない。

　着氷する状態の中を飛行している場合、差し支えないとAFM/POHに示されている場合を除き、オートパイロットを使用してはならない。オートパイロットを使用し続けると、着氷によりおこる機体のトリム状態、及び飛行特性の変化を覆い隠してしまう可能性があるためである。
　操舵感覚の変化がないので、パイロットは着氷が危険な状態になるまで増加しているとしても、これに気付かない可能性があるためである。作動限界を超過してしまうと、オートパイロットは自らシステムを急速に解除してしまうが、その時点でパイロットは機体の操縦性が好ましくない状態に変化してしまった、と気付くことだろう。

　「凍結飛行気象状態での飛行は承認されていない」とAFM/POHに示されている飛行機にアンチ・アイシング/ディアイシング・システムを装備しているとしても、不意に着氷気象状態と遭遇してしまった場合、直ちにこの着氷気象状態から脱しなければならない。
　仮にAFM/POH内に、「凍結気象状態での飛行を承認されている」との表示があるとしても、良識を持つパイロットはこの状態での飛行を最小限にとどめ、しかもなるべく着氷する可能性のある気象状態を回避して飛行する。激しい着氷の起こる気象状態（Severe icing conditions）での飛行承認を受けている飛行機は存在しないため、この着氷状態の中で飛行可能な時間についても特に規定されていない。

1－5　性能及び限界事項（PERFORMANCE AND LIMITATIONS）

　性能及び限界事項を理解するには、次の用語を知っていなければならない。
・加速停止距離（Accelerate-stop distance）とは、飛行機が規定の速度（航空機製造会社が定めるV_R、又はV_{LOF}）まで加速した時点で片側のエンジ

ンが停止した場合、その後機体が完全に停止するまでに要する滑走路の長さをいう（図1－5）。

- **加速離陸距離**（Accelerate-go distance）とは、航空機製造会社の定める速度 V_R 又は V_{LOF} で片方のエンジンが故障し、この後も離陸を継続し、飛行機が高度50フィートに達するまでの水平距離をいう（図1－5）。

- **上昇勾配**（Climb gradient）とは、傾斜面を上昇し、水平方向の距離100フィート飛行するごとに得られる高度をいうもので、パーセントで示されることもある。上昇勾配1.5％とは、水平方向に100フィート飛行する間に1.5フィート高度を得る状態をいう。上昇勾配は単位ノーティカル・マイル飛行する間に得られる高度、あるいは水平方向の距離と垂直方向の距離の比（例えば50：1）で表現されることもある。

　上昇率（Rate of climb）とは異なり、上昇勾配は風の影響を受ける。向かい風成分が存在する場合、上昇勾配は良好となり、追い風成分が存在すると低下してしまう（図1－5）。

- **両エンジン作動時の上昇限度**（All-engine service ceiling）とは、両エンジンが正常に作動している状態で毎分100フィート（100fpm）の上昇率が得られなくなる最大の高度をいう。これ以上上昇できない高度を絶対上昇限度（Absolute ceiling）という。

- **片発動機での上昇限度**（Single-engine service ceiling）とは、双発機の片発動機が不作動となった状態で上昇し、毎分50フィート（50fpm）の上昇率が得られなくなる高度をいう。上昇率の得られなくなる高度を片発動機での絶対上昇限度（Single-engine service ceiling）という。

　双発機の離陸は、離陸中にどちらかのエンジンが故障しても対応操作がで

性能及び限界事項

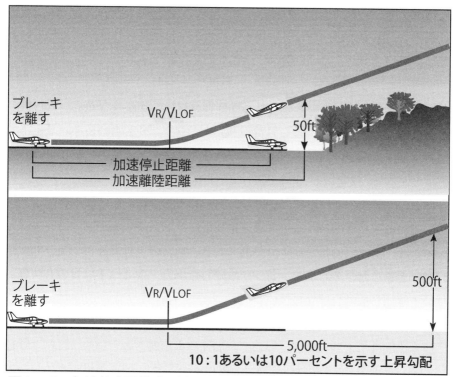

図1−5　加速停止距離、加速離陸距離及び上昇勾配
　　　　（Accelerate-stop distance, accelerate-go distance, and climb gradient）

きるよう、細かく十分に計画しなければならない。飛行前の計画として、離陸時正しく判断できるように、パイロットは飛行機の性能及び限界について、よく理解しておかなくてはならない。"離陸前チェックリスト（before takeoff checklist）"の最終項目として、この判断すべき項目を再確認しなければならない。

　離陸直後、いずれかのエンジンが停止してしまった場合、飛行をし続けるのか、又は飛行場外の場合を含み、着陸するのかを判断しなければならない。片発動機での上昇性能が十分得られ、かつ機体をこの状態に適した形態（Configuration）にできた場合は離陸後、上昇できるかもしれない。同じ状態で、片発動機での上昇ができない、又は性能が得られない場合には、最適

第1章　双発機への移行

の場所を選び、着陸しなければならない。

　離陸し、障害物を回避して上昇する場合、又は機体の性能が不足しているため、離陸を中断する場合を図に示しておく（図1－6）。

　離陸を計画する段階で必要となる判断要素には、重量及び重心、飛行機の性能（両発動機運転時、及び片発動機時の性能）、滑走路の長さ、滑走路の傾斜及び滑走路面の状態、周辺の地形及び障害物、気象状態、パイロットの熟練度がある。双発機のAFM/POHには性能表が含まれているので、パイロットはこの性能表の使用方法について、熟知しておかなくてはならない。

　離陸前、双発機のパイロットは重量及びバランスが限界範囲内に収まっていること、滑走路の長さが十分であること、通常の上昇で障害物及び地形を回避できること、そしてエンジンが故障した場合、取るべき最良の方法等について確認しなければならない。

　航空規則は滑走路の長さについて、加速停止距離と等しいか、これより長いこと、と要求してはいない。AFM/POHの多くも、加速停止距離について参考用としてのみ、記入している。そしてこの加速停止距離はAFM/POHの限界事項内に記入されている場合のみ、限界値となる。

　しかし経験豊富な双発機のパイロットは、通常離陸に必要となる最小滑走路長よりも長い滑走路を使用すると、安全性は高くなることをよく理解して

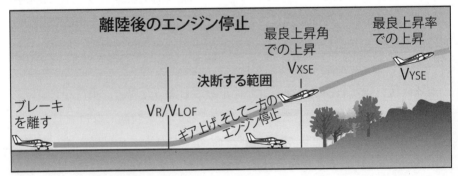

図1－6　決断する範囲（Area of decision）

性能及び限界事項

いる。そしてこのようなパイロットは加速停止距離について、安全に訓練飛行するうえで必要な、最小限の長さである、ともいう。

　双発機を操縦するパイロットは、加速離陸距離について、理想的な条件のもとで十分長い滑走路が使用できる場合のみに、高度50フィートに上昇可能な距離を得られる、ということをよく理解しておかなくてはならない。
　この僅かばかりの高度を得るため、離陸中予想もしないエンジン故障が発生してしまった場合、パイロットは先ずランディング・ギアを上げ、どちら側のエンジンが故障したのかを判定し、故障した側のプロペラをフェザーしなくてはならないのだが、これら全操作を実施している最中も、正確にV_{YSE}速度を保つとともにバンク角を調整しなければならない。理想的とも思える操縦をすれば、完全に平らで障害物の無い地表面上で、飛行機は主翼の幅を少し上回る程度の高度へ上昇可能である。

　分かりやすく説明すると、V_{YSE}90ノットで得られる上昇率が150フィート／分（150fpm）だとすると、高度50フィートから対地高度500フィートまで上昇するには450フィート上昇する必要があるため、3分間必要となる。この間、飛行機は加速離陸距離に加え、5ノーティカル・マイル水平方向に移動し、上昇勾配も1.6％になってしまう。
　空港へ戻ろうと旋回するような場合を含み、どのような場合にも旋回すると、ほぼ最低限ともいえる上昇率はさらに低下してしまう。

　双発機すべてのAFM/POHに加速離陸距離が示されているわけではなく、上昇勾配を示しているAFM/POHはほとんど存在しない。この情報が示されている場合、理想的なテスト飛行で得られた値であることを認識しておかなくてはならない。通常の飛行状態で得られる性能ではない、という点に注意しなければならない。

第1章　双発機への移行

　これまで説明したように、離陸直後にどちらかのエンジンが故障すると、理想的な状態で飛行しているとしても、上昇性能はかなり低下してしまうという点が重要となる。賢明な双発機のパイロットは、離陸と上昇に関して重要なポイント位置があることを認識すべきである。離陸時、このポイント位置に達する前にエンジンが故障してしまった場合、たとえ機体が浮揚しているとしても離陸を中断し、滑走路又は前方の地表面に着陸すべきである。

　このポイント位置を通過した後にエンジンが故障してしまった場合、片発動機での上昇性能が得られるなら直ちにエンジン故障に対処する操作を行わなくてはならない。エンジン故障時、ランディング・ギアが上がっていないなら、たとえ機体は浮揚しているとしても離陸を中断すべきである。

　性能表に示されている、片発動機での上昇率が少なくとも 100 ～ 200 フィート / 分（100 ～ 200fpm）以上得られる飛行機を除き、離陸時にエンジンが故障したにもかかわらず離陸を継続する方法は、離陸について計画する方法を学ぶ時のみに止めておくべきである。

　200 フィート / 分の上昇率が得られるとしても、暑くなった地表面上空に発生する乱気流、突風、エンジンとプロペラの経年使用による性能低下、速度保持不良、バンク角及びラダーの操作不良は容易にこの上昇率を負の値に低下させてしまう。

1－6　重量及びバランス（WEIGHT AND BALANCE）

　重量及び重心に関する考え方は、単発機のそれと何ら変わる点はない。しかし実際には、機首及び胴体後部の荷物室、ナセル・ロッカー、メイン燃料タンク、オギジャリー燃料タンク、数多く選択できる座席配置及び機内の仕様等、新たに様々な場所に重量を配分できるため、より複雑になってしまう、と言える。双発機に搭載可能な個所はかなり多様性があるため、毎回飛行する前にパイロットは重量及び重心を確認する責任を持つ。

重量及びバランス

"空虚重量(Empty Weight)、ライセンス空虚重量(Licensed Empty Weight)、標準空虚重量(Standard Empty Weight)、及び基本空虚重量(Basic Empty Weight)"という用語はいずれも、航空機製造会社が重量及び重心位置を文書化するうえで定めた基本となる飛行機の重量を意味し、このように様々な用語が使用されているため、パイロットを惑わせる場合がある。

1975年、小型航空機製造工業会(GAMA:General Aviation Manufacturers Association)はAFM/POHの標準様式を採用した。そして多くの航空機製造会社は1976年型飛行機からこの方式を取り入れ、重量及び重心に関する用語は次に示す、統一された用語を採用している：

   標準空虚重量(Standard Empty Weight)
 + <u>任意装備品(Optional Equipment)</u>
 = 基本空虚重量(Basic Empty Weight)

標準空虚重量とは、ハイドロリック作動油(Hydraulic Fluid)、使用不能燃料(Unusable Fuel)、及びオイル(Oil)を満たした標準的な飛行機の重量をいう。任意装備品とは、標準仕様の飛行機に装備されている任意装備品の重量をいう。基本空虚重量には、使用可能な燃料は含まれていないものの、規定されている容量のオイルが含まれている点に注意しなければならない。

GAMAの様式が決定される以前に製造された飛行機については、重量重心に関して次の用語が使用されているが、用語の意味も幾分異なっている：

   空虚重量(Empty Weight)
 + <u>使用不能燃料(Unusable Fuel)</u>
 = 標準空虚重量(Standard Empty Weight)

第 1 章　双発機への移行

$$
\begin{array}{rl}
& 標準空虚重量（Standard\ Empty\ Weight） \\
+ & \underline{任意装備品（Optional\ Equipment）\qquad} \\
= & ライセンス空虚重量（Licensed\ Empty\ Weight）
\end{array}
$$

　空虚重量とは、標準仕様の飛行機にハイドロリック作動油及び抜き取り不能なオイル(Undrainable oil)の重量を足した重量をいう。使用不能燃料とは、機体に残っているもののエンジンが使用できない燃料をいう。標準空虚重量とは、空虚重量に使用不能燃料の重量を足した重量をいう。

　標準空虚重量に任意装備品の重量を足すと、ライセンス空虚重量になる。従ってライセンス空虚重量には、標準仕様の飛行機の重量、任意装備品の重量、容量一杯のハイドロリック作動油、使用不能燃料及び抜き取り不能なオイルの重量が含まれる。

　GAMA の定めた様式とこれ以前の様式には、基本空虚重量には容量一杯のオイルが含まれるものの、ライセンス空虚重量には含まれない、という大きな違いがある。ライセンス空虚重量を基に重量重心を計算する場合、オイルの重量を加えなければならない。

　飛行機を運航し始めた後、装備品を別の物と交換したような場合には、重量及び重心について資格を有する整備士に計測してもらったうえ、改訂した重量重心に関する書類を作成してもらわなくてはならない。これまで使用していた重量重心表には、習慣的に"改訂された（Superseded）"旨を示すスタンプを押し、AFM/POH 内に綴じこんでおく。整備士は重量重心に関する GAMA の用語にとらわれることはないので、オリジナルの文書と見比べることで、彼らの使った用語の違いに注意することができる。

　パイロットは、この重量重心表を見て、オイルの重量が計算に含まれているのか、あるいは示されている数値に含まれているのかについて十分注意しなければならない。

重量及びバランス

　双発機の訓練を開始したパイロットの多くは、初めて"ゼロ燃料重量（Zero Fuel Weight）"という用語を目にするに違いない。すべての双発機のAFM/POHにこのゼロ燃料重量に関する限界値が示されているわけではないが、規定されている飛行機もある。

　ゼロ燃料重量とは、燃料を全く搭載していない状態で、その飛行機に認められている機体重量及び有効搭載量（Payload）をいう。実際には、飛行機に人を乗せているとか荷物を搭載している時に燃料が全く搭載されていないことなどあり得ない。この重量がどのくらいになるか、計算して求めるためだけの数値である。仮にゼロ燃料重量が示されている場合、残りの重量は搭載できる燃料の重量ということになる。

　ゼロ燃料重量の目的は、主翼のスパー（Wing Spars）に加わる荷重を制限するため、胴体の荷重を制限することにある。

　次の重量及び搭載量のある双発機を仮定してみる：

　　基本空虚重量・・・・・3,200 ポンド
　　ゼロ燃料重量・・・・・4,400 ポンド
　　最大離陸重量・・・・・5,200 ポンド
　　最大使用可能燃料・・・・180 ガロン

1. 有効搭載量を計算すると：

　　最大離陸重量・・・・5,200 ポンド
　　基本空虚重量・・・－3,200 ポンド
　　有効搭載量・・・・・2,000 ポンド

　有効搭載量とは、飛行機が燃料、輸送可能な乗客、手荷物及び貨物を組み合わせた最大重量をいう。

第1章　双発機への移行

2. 有償荷重（Payload）を計算すると：

　　　ゼロ燃料重量・・・・4,400 ポンド
　　　基本空虚重量・・・－3,200 ポンド
　　　有償荷重・・・・・1,200 ポンド

　有償荷重とは、飛行機が輸送可能な乗客、手荷物及び貨物の組み合わせの最大重量をいう。ゼロ燃料重量が示されている飛行機の場合、このゼロ燃料重量が最大重量となる。

3. 有償荷重最大の状態（1,200 ポンド）における搭載可能な燃料の量を計算すると：

　　　最大離陸重量・・・・5,200 ポンド
　　　ゼロ燃料重量・・・－4,400 ポンド
　　　搭載可能な燃料・・・・800 ポンド

　有償荷重最大の場合、ゼロ燃料重量との差は使用可能燃料の重量になる。この場合 133.3 ガロン（ガロンあたり 6.0 ポンド）となる。

4. 燃料を満載（180 ガロン）した状態での有償荷重を計算すると：

　　　基本空虚重量・・・・・3,200 ポンド
　　　搭載可能な燃料・・・・＋1,080 ポンド
　　　燃料満載時の重量・・・4,280 ポンド
　　　最大離陸重量・・・・・5,200 ポンド
　　　燃料満載時の重量・・・－4,280 ポンド
　　　搭載可能な有償荷重・・・920 ポンド

搭載している燃料が最大の場合、有償荷重は最大離陸重量と燃料を搭載した飛行機の重量の差になる。

最大離陸重量よりも重いランプ重量（Ramp weight）が定められている双発機もある。ランプ重量とは、ランナップ及びタクシー中に消費される燃料の重量が含まれていて、離陸時には最大離陸重量となる必要がある。いずれにしても離陸滑走を開始するときには、最大離陸重量を上回っていてはならない。

最大着陸重量とは、AFM/POH に示されている許容重量で、この重量を超えて着陸してはならない重量をいう。飛行前の計画において目的地到着時、燃料を消費した機体重量がこの最大着陸重量、又はこれ以下の重量になるよう計画しなければならない。直ちに着陸しなければならないような緊急状態が発生した場合、最大着陸重量を超えた状態で着陸する可能性があるため、パイロットは飛行機の設計荷重を超えてしまう可能性のあることを認識しておかなくてはならない。

このような状態で着陸してしまった場合、サービス・マニュアル又は航空機製造会社の指示に従って、最大着陸重量を超えた状態で着陸した場合に必要な点検を行うべきである。

これまで重量に関する問題についてのみ説明してきたが、バランス、つまり重心位置も同じく重要な項目である。双発機の飛行特性は、重心位置（CG: Center of Gravity）が承認されている限界範囲内を移動した場合にも変化してしまう。

この CG 位置が前方になると飛行機の安定性は高くなり、失速速度は幾分多めになり、巡航速度は幾分低下し、失速特性も好ましいものになる。CG 位置が後方に移動すると安定性は悪くなるとともに、失速速度は幾分少なくなり、巡航速度は幾分多くなり、失速特性は幾分好ましくない方向に変化する。型式証明の承認を受けるために必要な CG 位置の前方限界は、着陸時の

第1章　双発機への移行

昇降舵/安定板の効き具合によって決まる。CGの後方限界は飛行機の前後軸回りの、容認できる最小の安定度によって決まる。連邦規則（CFR：Code of Federal Regulations）に示されている重量重心の限界値を超えた重量、及び重心での運航は、いかなる場合にも認められない。

　双発機の中には、搭載状態によってはCG位置を限界内に保つため、バラスト（Ballast）を搭載しなければならない機体もある。機種によっては、インストラクターとステューデントのみで飛行する場合、CG位置が前方限界を超さないよう、後部荷物室にバラストを搭載しなければならない場合もある。飛行機によっては、乗客が最後部の座席に座った場合、CG位置が後方限界を超えないよう、機首荷物室に荷物、又はバラストを搭載しなければならない場合もある。パイロットは重心位置を承認されている限界内に維持するよう、乗客に対し座るシート及び手荷物をどこに搭載するのか、を指示しなくてはならない。
　多くの飛行機のAFM/POHには、重量重心に関する項目内に推奨する積載方法が示されている。バラストを積み込んだ場合、ロープ等で確実に固定し、かつその重量が荷物室の床面強度内（Maximum Allowable Floor Loading）であることを確認しなければならない。

　飛行機によっては、特別な重量重心用プロッター（Special Weight and Balance Plotter）が準備されている機体もある。重心位置を求めるためのプロッティング・ボード上を移動する可動部分と、印刷されたCG範囲で構成されている。裏面には、機種ごとの推奨する積載方法が指示してある場合もある。このプロッター表面に鉛筆で線を引けば、すぐCGを確認できるようになっている。この鉛筆で書いた線は簡単に消せるので、次の飛行を行う場合にも簡単に計算できるようになっている。このプロッターは、該当する機種及びモデルの飛行機用のみのものを使用すべきである。

1－7　地上操作（GROUND OPERATION）

　すでに単発機の訓練を受けた時に細かく機体の飛行前点検を行う習慣を身に着けているなら、双発機の飛行前点検及びエンジン始動も同様にできるはずである。これから双発機の訓練を開始しようとしているパイロットが、タクシーを開始できる場所に駐機している機体を目にしたとすると、いくつか違う点に気付くことと思う。

　単発機に比べひときわ目立つ、より長い主翼の幅（Wing span）はタクシー中他の航空機の近くを通過する際、より見張りを厳重にしなければならないことを意味する。2座席あるいは4座席の単発機に比べ、双発機の地上での操作は幾分どっしりとした動きで、単発機のように軽快に操作できないように見える。エンジン出力を最小限にし、ブレーキをなるべく操作しないよう注意しなければならない。

　単発機に比べ、双発機の地上操作における利点は、左右エンジンの出力を別々に調整できる点にある。左右エンジンの出力に差を持たせて方向を変化させると、機首方向を変える操作でのブレーキ使用を最小限に抑え、かつ機体が回転する半径を小さくすることができる。

　しかし、左右エンジンの出力に差を持たせ、さらにブレーキを使用して急な機首方位の変更を行おうとすると、内側のホイールとランディング・ギアを中心にして一点で機体の方向が変化してしまうので気をつけねばならない。この誤った操作をするように飛行機は設計されていないので、この操作をしないようにしなければならない。

　AFM/POHに指示されていない限り、地上での操作を行っている最中は、カウル・フラップ（Cowl Flap）を開いておくべきである。通常ストロボ・ライト（Strobe Lights）は、離陸する滑走路に進入するまで点灯させない。

1－8　通常離陸及び横風離陸と上昇（NORMAL AND CROSSWIND TAKEOFF AND CLIMB）

　離陸前チェックリスト（Before Takeoff Checklist）に従って行う点検を終え、管制機関からの離陸許可を受けた後、飛行機を滑走路に進入させ、ランウェイ・センターライン（Runway Centerline）上にタクシーさせる。タワーが設置されていない空港から離陸する場合、進入してくる航空機はないか、使用されている周波数をモニターしながら確認する。

　急に機首方向を変えながら滑走路に進入し、そのままローリング・テイクオフ（Rolling Takeoff）することは良い方法と言えない。燃料タンク内の燃料が移動してしまい、エンジンへの燃料が途絶えてしまう可能性があるため、AFM/POHで禁止されている場合も多い（いかなる状態によっても、タンク内の燃料がある程度の量以下の場合、離陸してはならないとAFM/POHで禁止されている飛行機もある）。横風が吹いているなら、操縦装置を風上側に操作する。

　昼夜を問わず離陸滑走を開始する直前に、着陸灯（Landing Lights）、タクシー灯（Taxi Lights）、及び翼端にあるストロボ・ライト（Wingtip Strobes）等の外部灯を点灯させる。特に夜間、滑走路に進入し、待機する場合、滑走路に進入したら、すべての外部灯火を点灯させなければならない。

　AFM/POHに示されている離陸出力（Takeoff Power）に出力を調整する。過給機（Turbocharger）を装備していないエンジンの場合、スロットルを最大にする。ターボチャージャーを装備するエンジンの中には、フル・スロットルに調整するものもある。しかしターボチャージャーを装備するエンジンによっては、スロットルをフルにせず、パイロットが吸気圧力計（Manifold Pressure）に示されている赤色の線以下に出力を調整しなければならない場合もある。このようなエンジンの場合、スロットルをフル位置まで開かなくても離陸出力が得られる。

　ターボチャージャーを装備するエンジンの操作には、ある種の注意が必

要である。ターボチャージャーを装備するエンジンの場合、スロットルの操作はスムーズかつ確実に行わなくてはならない。滑走路に進入した飛行機をブレーキで停止させ、スロットルを開く方法を勧める。ターボチャージャーの吐出する圧力が十分に高くなったなら、ブレーキから力を抜く。

こうすると、スロットルを開きながら低速で滑走する場合に比べ、無駄に滑走路の長さを費やさずに済む。滑走路の長さがぎりぎりであったり、上昇経路上に障害物が存在するような場合、性能表に示されている最大出力にしてからブレーキを解除する。

離陸出力にセットしたなら、滑走中滑走路のセンターライン上を保っているか、エンジン計器類の指示は正常か、両方に注意を払わなければならない。双発機に不慣れなパイロットは、離陸滑走し始めると速度計のみに注意を奪われがちになってしまう。

そうではなく、パイロットは両エンジンの吸気圧力が定格の最大値になっているか、燃料流量及び燃料の圧力は適切か、排気温度（Exhaust Gas Temperature：EGT）は正常か、油圧は正常範囲内を指示しているかを確認すべきである。機体が機首上げ操作を開始する速度（Rotation Speed）に達するまでに、エンジン計器類の指示を正確に読み取っておくべきである。

横風が吹いているようなら、風上側にエルロンを操作しておき、機体が加速するに従い、その操作量を少なくしてやる。昇降舵は中立位置にしておく。

毎回、離陸は定格の最大出力にして行うこと。エンジン出力を少なくしたまま（Partial Power）での離陸を行ってはならない。このように、エンジン出力を定格最大にせず、エンジン出力を幾分少なめにしたとしても、最近のレシプロ・エンジン（Reciprocating Engines）ではその寿命を長くする結果とはならない。

第 1 章　双発機への移行

　このようにエンジン出力を少なくした状態で離陸すると、燃料の量を調整する機構（Fuel Metering System）は、離陸中エンジンの冷却を行う混合気濃度を濃くするリッチ・ミクスチャー（Rich Mixture）を上回る濃度に調整できず、エンジンの温度は高くなってしまい、エンジン本体を損傷させる原因となってしまう。

　どの双発機にも離陸時及び上昇中、注意すべきいくつかの速度が存在する。まず考慮すべき速度に V_{MC} がある。飛行機が地上にいる段階でこの V_{MC} 以下の速度でエンジンが故障したなら、離陸を中断しなければならない。その場合、素早く両エンジンのスロットルを絞り、方向舵とブレーキを操作することにより、方向を維持することができる。

　すでに離陸し、機体は空中を飛行しているものの速度 V_{MC} に達していない状態で片側のエンジンが故障してしまった場合、正常なエンジンは離陸出力になっているため、方向を維持することはできない。従って、速度が V_{MC}、又はこれ以上に加速するまで、機体を浮揚させてはならない。

　パイロットは航空機製造会社が認めている機首上げ開始速度（V_R）、又は浮揚速度（V_{LOF}：Lift-off Speed）を守らなくてはならない。このような速度が規定されていないなら、V_{MC} より少なくとも 5 ノット、又はこれ以上多い速度を V_R とすべきである。

　離陸姿勢まで機首を上げる操作は、スムーズに行わなくてはならない。横風が吹いているようなら、機体が浮揚した後、機体がサイド・スリップ（Side Slip）するとランディング・ギアが一瞬、滑走路に接してしまうことがあるが、パイロットはこのような接地をさせないようにしなければならない。横風が吹いている場合、機首上げ操作、つまりローテーションは確実に、いつもより多い速度で行うべきである。

　パイロットは AFM/POH の性能表に示されている加速停止距離、離陸する時の地上滑走距離、規定されている V_R 又は V_{LOF} 速度に従って操縦した場合、障害物を跳び越すまでの距離をよく覚えておかなくてはならない。

浮揚した後、次に考慮すべきことは可能な限り短時間のうちに、いかに高度を得るか、ということにある。地上を離れた後、重要なことは速度をより多く得ることではなく、いかに高度を得るかということにある。より大きな速度を得たとしても、エンジンが故障した場合、この大きな速度を高度に変えることはできないという事実は広く知られている。高度に余裕があれば、パイロットに考える時間と、対処するための操作をする時間を与えてくれる。

　従って、離陸後は浅い角度で上昇し、両エンジン作動時最良上昇率の得られる速度V_Yに機体を加速させる。V_Yに達したなら、周辺の地形、上昇経路上の障害物等を考慮したうえ、片発動機になっても機体を操縦できる安全な高度までこの速度を保つ。

　機体を離陸させ、上昇経路に移行しようとしているパイロットの手助けとなるよう、AFM/POHの中には機首上げ操作、浮揚、V_Yへの加速の手助けとなる "50-foot"（50フィート越え）、又は "50-foot barrier"（50フィート障害物越え）速度が示されている飛行機もある。

　正の上昇率が得られるようになったら、着陸装置を上げる。AFM/POHの中には、機体が浮揚した後着陸装置を上げる前に一瞬の間ブレーキを踏み、回転しているホイールを停止させてから上げるように指示している飛行機もある。離陸時にフラップを下げているようなら、AFM/POH内に指示されている通りに操作すること。
　通常、対地高度400〜500フィートと言われる片発動機となっても安全に操縦できる高度に達したなら、速度をエンルート上昇可能な速度へと変更する。この速度はV_Yより速く、巡航高度に達するまでこの速度を維持する。エンルート上昇速度にすると、より前方をよく見張ることが可能となるうえエンジンの冷却効果も高くでき、対地速度を多く保つことが可能となる。

第 1 章　双発機への移行

　飛行機によっては AFM/POH に上昇出力（Climb Power）が規定されている場合もあり（限界事項として示されている場合もある）、エンルート上昇をする場合にはこの出力に調整する。特に上昇出力が規定されていない場合、エンルート上昇に見合うよう、吸気圧力とプロペラ回転数を減じるべきであろう。通常、プロペラの同調は、出力を低下させるので、装備されているならヨー・ダンパーを作動させた後に行う。

　上昇中、混合気濃度を薄くするよう指示してある AFM/POH もある。上昇中に行う "Climb Checklist" に従って行う点検は、他の航空機の見張りをし、コクピット内での作業量が一段落してから行う（図 1 − 7）。

1 − 9　レベル・オフと巡航（LEVEL OFF AND CRUISE）

　巡航高度でレベル・オフするため、パイロットは上昇出力のまま巡航速度になるまで加速し、その速度に達したなら巡航出力及び回転数に調整する。最大の巡航性能を得られるよう、どの飛行機にも製造会社で実証したパワー・

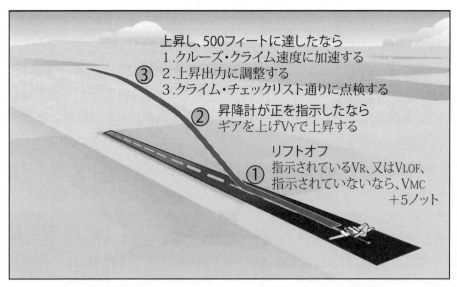

図 1 − 7　離陸、及び上昇を図で示す（Takeoff and climb profile）

セッティング・テーブル（Power Setting Table）、つまり早見表にした各種の出力が用意されているので、参考にしなければならない。

　シリンダー・ヘッド温度及びオイル温度が正常範囲内に安定したなら、カウル・フラップを閉じても差し支えない。エンジン温度が安定したら、AFM/POHの指示通り、混合気（ミクスチャー）を薄くしても差し支えない。この時点までに巡航時のチェックリストの、残されている項目の点検を実施しておく。

　一般的にだが、双発機の燃料系統に関する使用方法は単発機に比べ複雑になっている。燃料系統の設計によっても異なるが、メイン・タンク又はオギジャリー・タンク（Auxiliary Tanksつまり補助タンク）に切り替えなくてはならない場合もあれば、あるタンクから別のタンクに燃料を移送（Transfer）する場合もある。複雑な燃料系統になっている飛行機の場合、「巡航時にのみ使用可能である」、又は「降下及び着陸に備えメイン・タンクの残燃料が規定されている」といった制限の設けられている場合が多い。

　電動燃料ポンプ（Electric Fuel Pump）の作動に関していえば、飛行機によってかなり異なっていて、タンクを切り替える場合とか燃料を移送する場合といった状態により作動させる場合もある。離着陸時に作動させなくてはならない飛行機もあれば、作動させない飛行機もある。複雑なシステムを持つ飛行機の場合、全システムを理解し作動させるにはAFM/POHをよく理解する以外、方法はない。

1－10　通常進入と着陸（NORMAL APPROACH AND LANDING）

　双発機の巡航速度（巡航高度についても）は、一般的に単発機よりも大きいと言えるので、降下を開始する以前にどのように降下するのか、について計画しておかなくてはならない。エンジン出力をほぼアイドル状態まで減少させ、大きな降下率で、しかも短時間のうちに降下してしまうと、エンジン

第1章　双発機への移行

の冷却が不足、又は過大になってしまう場合もあるうえ、与圧装置の無い飛行機の場合、乗客に不快感を与えてしまう可能性もある。

　一般的に、地形及び乗客の状態が許す限り、毎分 500 フィート（500fpm）以下の降下率で行うべきである。与圧装置を持つ飛行機の場合、必要に応じより大きな降下率で降下しても差し支えない。

　飛行機によっては、降下中の最小排気温度（Minimum EGT）、維持すべき最少の出力（Minimum Power Setting）及び維持すべきシリンダー・ヘッド温度（Cylinder Head Temperature）の定められているものもある。多くのエンジン製造会社は、吸気圧力が低いにもかかわらず、エンジン回転数を大きくして運転する状態を禁止している。どうしても大きな降下率で降下しなければならないような場合、エンジン出力を低下させる前にパイロットはある程度の角度フラップを下げるとか、着陸装置を下げて降下する、といった方法を考慮しなくてはならない。

　巡航高度から降下を開始する前、降下に要する "Descent" チェックリストに従い、点検を開始し目的地近く（Terminal Area）に達する前に終了させておく。目的地近くになり、高度 10,000 フィート以下に降下したなら、昼夜の別を問わず着陸灯及び識別灯を点灯させ、空港から 10 マイル以内を、特に視程のあまり良くない状態で飛行するなら必ず点灯させるよう心がけておかなくてはならない。

　双発機の場周経路及び進入速度は単発機に比べ、速度が速いという点を考慮し、間に合うよう、パイロットは着陸前のチェックリスト "before landing checklist" に示されている点検を早めに実施するべきである。早めに実施しておけば、これから自分の飛行機と他の飛行機との間隔をどうするのか、どのように着陸しようとしているのか、について考える時間的余裕を作り出すことが可能になる。

　多くの双発機は V_{FE} 以上の速度でも、フラップを少し下げられるようになっていて、場周経路に進入する以前に、フラップを少し下げておく

ことが可能である。通常、ダウンウインドを飛行し、着陸し接地する地点の真横に来たら着陸装置を下げ、下げ位置にロックされたことを確認する（図1－8）。

　連邦航空局（FAA）は安定したアプローチを行うという考え方、スタビライズド・アプローチ（Stabilized approach concept）を推奨している。これは、着陸をより安全に行うため、最終進入中及び対地高度500フィート以下の高度において飛行機は速度を一定に保ち、トリムのとれた状態、つまり安定した降下飛行を保ち、飛行機を着陸に適した形態にし、滑走路のセンターラインの延長線上を飛行し、かつ一定の角度で着陸しようとしている地点に向かい、降下し続けることを意味する。

　不安定な飛行状態になってはいないので、ほんの少し修正するだけで安定した進入を継続できるし、安定した機首の引き起こし操作、つまりラウンドアウト（Roundout）を行い、そして安定した接地も可能となる。

　最終進入は航空機製造会社が定めている速度及び出力で行うべきで、この速度が定められていない飛行機の場合、片発時の最良上昇率速度（V_{YSE}）以下で行ってはならず、いかなる場合にも臨界発動機不作動時の最小操縦速度（V_{MC}）以下の速度で進入してはならない。

　双発機を操縦する多くのパイロットは、完全に着陸できると確信できるショート・ファイナルまで、フラップをフルに下げる操作を遅らせている。その飛行機に関する飛行経験及びどの程度その飛行機について理解しているのかによって、この操作は十分受け入れられるテクニックである。

　着陸するためラウンドアウトしている最中に、残っている出力をゆっくりアイドルに絞る。双発機の高い翼面荷重（High Wing Loading）とウインドミル（Windmilling）で回転している両方のプロペラの抗力により、機体を浮き上がらせようとする力は最小になる。

第1章　双発機への移行

① 場周経路への進入
　1.降下チェックリストの実施
　2.場周経路に定められている速度及び高度にする
② ダウンウインド
　1.フラップ－アプローチに適した角度に下げる
　2.着陸装置を下げる
　3.着陸前のチェックリストを実施
③ ベース・レグ
　1.着陸装置が下げ位置にあるか確認する
　2.接近しすぎている他の航空機がないか確認する
④ ファイナル
　1.着陸装置が下げ位置にあるか確認する
　2.フラップ－着陸角度に下げる
⑤ 速度－1.3Vsoあるいは航空機製造メーカーの決めた速度

図1－8　両エンジン作動時の進入と着陸
　　　　（Normal two-engine approach and landing）

　双発機を失速させ、着陸する方法（Full Stall Landing）は好ましいと言えない。高性能単発機（High Performance Single Engine Aircraft）と同様に、メイン・ホイールが接地するまで失速しないようにしておく。

　風の状態及び滑走路の状態が適しているなら、最良な空力的なブレーキ効果が得られるよう、ノーズホイールを接地させないよう、機首を上げてお

く。機首を静かに下げノーズホイールを滑走路のセンターライン上に接地させた後もエレベーターにバックプレッシャーを加え続け、機体を停止させるブレーキの補助をしてやる。

　滑走路の長さが短い、又は強い横風が吹いているとか滑走路上に水溜りができていたり、雪とか氷があるようなら、接地後空力的なブレーキ効果のみに頼り切ることは望ましくない。なるべく短時間のうちに飛行機の全重量をホイールに加えるべきである。ホイール・ブレーキは飛行機を減速させる場合、空力的なブレーキ効果よりも効果的であると言える。

　接地した後もエレベーターにバックプレッシャーを加え続け、メイン・ホイールにより多くの重量を加え、大きな抗力を加え続けておく。必要に応じ、主翼のフラップを上げ位置にすると、ホイールにより大きな重量を加えることになり、ブレーキ効果を大きくする利点が得られる。着陸滑走している最中にフラップを上げるという操作は、どうしても必要という場合を除き勧めることはできない。そして着陸する度に、毎回この操作を行うべきではない。

　独立している客席を持つ双発機の多くは、少し出力を残した状態でラウンドアウトし着陸している。この操作方法は、大きな降下率でしかも接地時の衝撃を激しくさせない、静かな着陸を可能にする。しかし、パイロットは着陸するということの目的について、飛行機を地上に降ろし、停止させることである、という点にあることをよく理解しておかなくてはならない。この着陸操作は、十分な長さのある滑走路でのみ実施すべきである。プロペラ・ブレードは主翼へ向かう空気の流れを作っているので、揚力と推力が発生している。

　安全な速度まで減速したら、パイロットは滑走路の外へ機体をタクシーさせ、"Landing Checklist"に示されている着陸後の点検項目を実施する。通常、機体が滑走路の外に出て停止するまで、フラップを上げるとか着陸後に点検

すべき項目を除き、チェックリストを実施することはしない。これまで説明した、フラップを上げて主翼に加わっていた飛行機の重量をホイールに加える操作以外の操作を行う必要はほとんどない。いずれの場合にもAFM/POHの指示に従うべきである。

着陸滑走中、パイロットはむやみにスイッチを操作するとか、コントロール装置を操作してはならない。例えば、着陸滑走中にフラップを上げようとし誤ってランディング・ギアを上げてしまう、といった過ちを犯す可能性があるためである。

1 – 11　横風での進入及び着陸（CROSSWIND APPROACH AND LANDING）

単発機に比べ双発機のアプローチ速度、及び着陸速度は速いため、横風の中での着陸は容易である、といわれている。しかし、いずれにしても横風の中での着陸に関する原理は、単発、双発機とも同じである。接地前、機体の前後軸（Longitudinal Axis）を滑走路のセンターラインと一致させ、ランディング・ギアに横方向の力が加わらないようにする。

基本的な2つの方法は、クラブ（Crab）方法又はウイング・ロウ（Wing-low）方法であるが、これら2つを組み合わせて着陸する。飛行機がファイナル・アプローチ・コースに乗ったなら直ちにクラブ角を取り、ランウェイ・センターラインの延長線上を飛行する。この方法は風に流されないよう、右あるいは左に機首を振って飛行する方法である。

接地寸前、横風が吹いてくる方向の翼を下げ、反対側のラダーを踏み、旋回しないようにサイドスリップさせる。飛行機は風上側のランディング・ギアが先に接地し、次に風下側のギアが接地し、最後にノーズ・ギアを接地する。接地後、エルロンを風上側に一杯操作しておく。

クラブからサイドスリップに移行する操作は、パイロットがどの程度飛

行機に慣れているか、そして飛行経験を有しているかによって変わってくる。高い操縦技術を持ち、しかも経験も豊富なパイロットなら、このクラブからサイドスリップへ移行する操作を、接地寸前のラウンドアウト中に行うかもしれない。技術レベル及び経験も少ないパイロットがクラブからサイドスリップに移行する場合、余分な距離滑空させてしまう可能性がある。

　従って双発機（及び単発機の一部）の中には、AFM/POHで、例えば30秒以内に限るといった具合に、機体をスリップさせる限界の時間を設けている機体もある。この制限は、風上側に下げた主翼内の燃料タンク内の燃料が先端、つまりウイング・チップ側に移動してしまい、タンクから燃料を取り込む部分（Fuel Pickup Point）付近が空になり、エンジン停止してしまう状態を防止するためである。この時間制限が設けられている機体でウイング・ロウ方法を行う場合には、十分注意しなければならない。

　双発機のパイロットの中には、横風着陸を行う場合に左右エンジンの出力に差をつけて行う者もいる。左右エンジンによる推力に差が生じるため、ラダーが発生する機首を振ろうとする力、つまりヨーイング・モーメント（Yawing Moment）とは全く異なるヨーイング・モーメントを作り出す。風上側の翼を下げる場合、風上側のエンジン出力を増加させ、機体が旋回しようとする動きを防ぐ。この操作方法を容認することはできるのだが、多くのパイロットは風が変化した場合、スロットルを操作するよりもラダーとエルロンで修正するほうが早い、と感じているはずである。

　ターボチャージャーを装備するエンジンの場合、スロットル操作と出力の変化にはほんの短時間の遅れがあるため、事実であると言える。この左右のエンジン出力を変化させて行う横風着陸は、自分自身で行う前に、インストラクターに同乗してもらい十分に練習しておくべきである。

第 1 章　双発機への移行

1 − 12　短距離離陸及び上昇（SHORT-FIELD TAKEOFF AND CLIMB）

　短距離離陸は、通常の離陸及び上昇と異なる速度と異なる初期上昇側面（Initial Climb Profile）を持つ。AFM/POH の多くは、短距離離陸を行う方法、及びこの方法を行う場合、操作すべきフラップ下げ角及び維持すべき速度で得られる短距離離陸に関する性能を独自の表にして示している。

　短距離離陸に関する方法を示していない AFM/POH もある。このように方法が示されていない場合、単に AFM/POH の制限事項に従って飛行しなければならない。いずれにしても、AFM/POH に示されている制限項目に反する飛行を行ってはならない。

　一般的に短距離離陸は、機首上げ操作を開始し機体が浮揚（リフトオフ）したなら速度 V_X に加速し、経路上にある障害物を飛び越すまで V_X を維持し、飛び越えたなら速度 V_Y に加速する（図 1 − 9）。

　短距離離陸を行う場合にフラップを最大下げ位置にせず、途中まで下げて行う方法が定められている場合、多くの小型双発機は速度 V_{MC} ＋ 5 ノットに達する以前に浮き上がってしまう傾向を持っている。これを防ごうとエレベーターを前方に押すと、ノーズホイールのみで離陸滑走しようとする傾向になってしまう。この状態を防ぐため、滑走路上数インチの高さまで飛行機を浮揚させてやることは許されている。

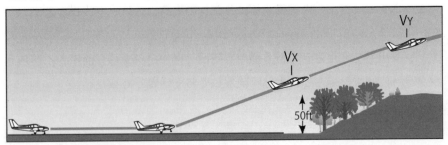

図 1 − 9　単距離離陸及び上昇（Short-field takeoff and climb）

パイロットは離陸滑走中、速度V_X以下でランディング・ギアとフラップを下げている状態でエンジンが故障した場合、速やかに離陸を中断し、着陸するよう準備しておかなくてはならない。

離陸経路上に障害物がある状態で離陸する際にエンジンが故障してしまった場合、短距離離陸に規定されている低速度及び大きな上昇姿勢を組み合わせて飛行する。速度V_X及びV_{XSE}は危険とも思えるほどV_{MC}に近く、V_{XSE}近くの速度でエンジン故障が発生した場合、安全に飛行できる速度に余裕はほとんどないと言える。離陸時にフラップを下げているなら、フラップを下げているために生じる抗力により、エンジン故障はより深刻な事態となってしまう。

速度V_Xの値がV_{MC}プラス5ノット未満の飛行機の場合、短距離離陸をしなくても済むよう、有償荷重を減らすとか、より長い滑走路から離陸することを慎重に考慮し、離陸の安全性をより高くしなければならない。

1－13　短距離進入及び着陸（SHORT-FIELD APPROACH AND LANDING）

短距離進入及び着陸の重要な要素は、通常の進入及び着陸と大きく変わる点はない。航空機製造会社の多くは、AFM/POH内に短距離着陸に関するテクニック、又はこれに該当する性能表を示していない。このように短距離進入及び着陸に関する方式は特にないので、AFM/POHに指示されている通り、飛行機を飛行させるべきである。AFM/POHの指示に反する方法で飛行してはならない。

短距離進入で重要な点は、形態（フラップをフルに下げ）を保ち、降下角を一定に保ったスタビライズド・アプローチ、つまり安定した進入を保ち、そして速度を調整し一定に保つことである。短距離進入及び着陸のプロシージャーの一部として、通常の進入速度より幾分遅い速度で実施するよう、指示しているAFM/POHもある。このように、幾分遅い速度で実施するようにと記述されていない場合、AFM/POHに示されている通常の進入速度で行うべきである。

最も深い角度で進入する場合（Steepest Approach Angle）、フラップをフルに下げて行う。進入経路上に障害物がある場合、障害物を回避した後急激に出力を低下させなくても済むよう、計画しなければならない。接地前、ラウンドアウトしながらエンジン出力を静かにアイドルまで低下させる。アイドルにしたにもかかわらず、プロペラ・ブレードは翼の上面に空気を流し続けているので、幾分揚力を発生しているとともに推力も発生している、という事実をパイロットはよく覚えておかなくてはならない。障害物を飛び越えた直後、急激にエンジン出力を低下させると、降下率は大きくなって、ハード・ランディングしてしまう原因となる。

短距離着陸した後、滑走距離を最短にするためフラップを上げ、エレベーター / スタビレーター（Elevator/Stabilator）を手前に一杯に引き、そしてブレーキを強く踏む。滑走路の長さに余裕があるようなら、飛行機が滑走路の外に出て停止するまで、フラップは下げたままにしておく。着陸後の滑走中にフラップを上げる場合、誤ってギアを上げてしまう大きな危険性が潜んでいるため、この危険性を防ぐためである。

短距離着陸する場合、又は強い風が吹いているとか強い横風が吹いている場合にのみ、着陸滑走中にフラップを上げる必要性について考えるべきである。着陸滑走中にフラップを上げなくてはならない場合、正しくフラップ操作レバーであることを確認してから操作すべきである。

1−14　復行（GO-AROUND）

復行（ゴー・アラウンド）を決断した場合、まず両スロットル・レバーを離陸出力の位置まで進める。速度が十分に多くなったら、飛行機を上昇に見合う機首上げ姿勢にする。これら同時に行う一連の操作で、飛行機の沈下を止めるとともに上昇に移行できる姿勢にする。

まず獲得すべき速度はV_Y、障害物が存在するならV_Xとする。十分な速度

が得られたならフルに下げた位置から中間位置までフラップを上げ、正の上昇率が得られ、再度、滑走路に接地する可能性が無くなったならランディング・ギアを上げる。そして中間位置まで上げていたフラップを上げ位置にする（図1－10）。

　他の航空機と接近しすぎたり、地上又は飛行している航空機が妨げになりゴー・アラウンドした場合、その航空機を視認できる方向へ飛行しなければならない。浅いバンク角で旋回し、ある程度の距離離れたなら、滑走路又は着陸場と平行に飛行することを含んでいる。

　ゴー・アラウンドを開始した時、着陸しようとアプローチしている状態に機体がトリムしてあるなら、機体を上昇に見合う速度に加速する時、直ちに昇降舵/スタビレーターを前方に操作し、プレッシャーを加えなくてはならない。パイロットは所望の上昇姿勢が得られるよう、操縦桿を前方に押し続けなくてはならない。なるべく早くトリムを調整すること。余裕があるようなら、着陸を断念した場合に行う "Balked Landing" チェックリストを参照すること。

　2つの理由から、ランディング・ギアを上げる前にフラップを上げる。理由の一つ目は、多くの飛行機に当てはまるが、フラップをフルに下げた場合に発生する抗力は、ランディング・ギアを下げた場合よりも大きい。二つ目の理由として、フラップを上げると飛行機は沈もうとする傾向を持っているので、意図せず接地してしまったとしてもギアが下がっていれば安全を保て

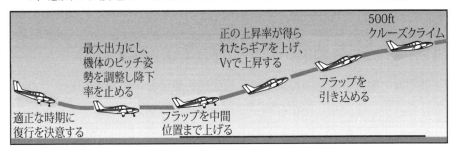

図1－10　復行方法（Go-around procedure）

るためである。

　多くの双発機について言えるのだが、ランディング・ギア上げ操作速度は下げ操作速度よりもかなり少なくなっている。ゴー・アラウンドしている最中、このギア上げ速度を超さないよう、十分に注意しなければならない。もう一度着陸しようと考えているなら、パイロットは再度、着陸前に実施する"Before Landing"チェックリストに従い、示されている項目通りの操作をしなければならない。
　ゴー・アラウンドなど、いつも行うパイロットの動作が阻害されてしまうと、これまで幾度となく言われている（Classic Scenario）、ランディング・ギアを上げたまま着陸してしまう原因となる可能性がある。

　これまで通常のアプローチ速度、又はこれを上回る速度でゴー・アラウンドを開始した状態について説明した。低い速度でゴー・アラウンドを開始した場合、必要な上昇姿勢にするにはこの姿勢にする前に、まず十分な速度を得なくてはならない。これが当てはまる飛行状態とは、着陸するためラウンドアウトしている状態から、又は接地がうまくいかずバウンドしてしまい、ゴー・アラウンドする場合とか、不意に失速してしまいそうな状態になってしまったためゴー・アラウンドする場合をいう。
　まずすべきことは飛行機を操縦し続けること、そして十分な速度を得ることである。上昇速度が得られるよう、機体を短時間水平、又は水平に近い姿勢にしなければならない場合もあるだろう。

1－15　離陸中断（REJECTED TAKEOFF）

　単発機の離陸中断と同じように、双発機も離陸を中断することができる。離陸時、中断を決断したならパイロットは両エンジンのスロットルを閉じ、ラダーとノーズホイールのステアリング装置、及びブレーキを使用し方向を維持する。飛行機を滑走路上に留まらせるためには、ラダー、ノーズホイー

ルのステアリング装置、及びブレーキを積極的に操作しなければならない。

エンジン故障が発生した、と直ちに判断できない場合でも、すぐに両スロットルを絞らなくてはならない。飛行機を短い距離の範囲内で止める必要はないのだが、機体を操作しながら減速させなくてはならない。なるべく短い距離内で機体を止めようと無理な操作をしてしまうと、機体の方向が維持できなくなるとか、ランディング・ギアを折ってしまうとかタイヤやブレーキを破損させる可能性もあるので、機体を操縦しながらオーバーラン・エリア（Overrun Area）へ進入するほうが望ましい場合もある。

1－16　浮揚後のエンジン故障（ENGINE FAILURE AFTER LIFT-OFF）

離陸又はゴー・アラウンド中、エンジン故障が発生すると最も危険な状態になってしまう。飛行機は低速で、しかも高度も低いうえ、ランディング・ギアとフラップが下がっている可能性がある。高度は最小で、時間的余裕も少ない。故障したエンジンのプロペラはフェザーするまでウインドミル状態で大きな抗力を発生し、機首方向を変えようとする傾向にある（Yawing Tendency）。

飛行機の上昇性能はわずかであるか、又は得られない場合もあるので、前方に障害物が存在する場合、最も危険な状態であると言える。毎回離陸する前に、突然エンジンが故障した場合を想定し、どのように操作するのかを考えておかなくてはならない。

エンジンに故障が発生した場合、先ずすべきことは飛行機を操縦し続けるとともに航空機製造会社が定めている緊急操作手順（Emergency Procedure）を実施することである。離陸直後片方のエンジンが故障し、完全に停止してしまった場合、次に示す３つのシナリオのうち、どれかに該当する結果となるかもしれない。

1. ランディング・ギアが下がっている（Landing Gear Down）（図１－11）

第1章　双発機への移行

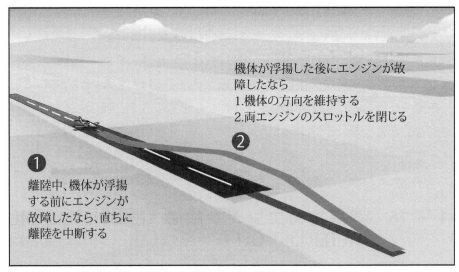

図1-11　離陸中のエンジン故障、ギアは下がっている
（Engine failure on takeoff, landing gear down）

　ランディング・ギアを上げ位置（Up Position）にする前にエンジン故障が発生してしまったなら、両エンジンのスロットル・レバーを閉じ、残っている滑走路又はオーバーラン地帯に着陸する。エンジン故障により機体が機首を振ろうとする動きが発生し、機体が滑走路の横に飛び出してしまうかどうかは、エンジン故障に対しパイロットがいかに早く対処するかによって変わってくる。このように早く操作する以外に方法はない。

　先ほど説明したように、飛行中にエンジンの故障した機体の方向を保つには、最小の時間内に、フラップ（下げているなら）とランディング・ギアを上げ、プロペラをフェザーし、加速しなければならない。双発機の多くは、どちらか片方のエンジンにのみ、エンジン駆動ハイドロリック・ポンプが装備してあるので、そちら側のエンジンが故障した場合、エンジンをウインドミル状態で回転させるかハンド・ポンプを作動させ、ランディング・ギアを上げなくてはならない。離陸中、これ以外の方法は存在しない。

2. ランディング・ギアは上げているが、片発動機での上昇性能は不十分（Landing

gear control selected up, single-engine climb performance inadequate）（図 1 － 12）

　片発動機での上昇限度、又はこれ以上の標高の空港で離陸し、浮揚した直後にエンジンが故障した場合、前方にある地表面に着陸しなければならない。残っているエンジンの出力を使用し、速度 V_{YSE} で降下すればある程度飛行することは可能だが、飛行機の性能の範囲内に限られ、そう長い距離飛行できるわけではない。降下しているとはいえまだ飛行しているので、速度を高度に変えようとしても無駄なだけで、死亡事故を招くだけである。操縦可能な状態にあるうちに着陸することが重要である。離陸中に片発動機不作動となったにもかかわらず、飛行し続けようとしても、飛行機の性能の範囲内に限られているため、死亡事故を招くだけである。

　離陸時に片方のエンジンが故障してしまった多くの小型双発機の事故を分析した結果、飛行機が操縦可能なうちに空港以外の場所に安全に着陸した例は数多くある。そしてこの事故分析で、飛行機の性能を顧みず、エンジンが故障しているにもかかわらずパイロットは飛行し続けようと試みたものの、失速しスピンを起こしてしまい、死亡事故となった例はかなり多いことも解った。

　先ほど説明したように、飛行機のランディング・ギア引上げ機構が、エンジン駆動ポンプの作り出すハイドロリック圧力で作動する場合、エンジン故

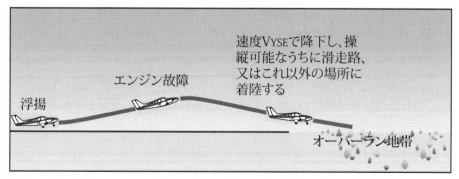

図 1 － 12　離陸中のエンジン故障、十分な上昇性能は得られない
　　　　　（Engine failure on takeoff, inadequate climb performance）

第 1 章　双発機への移行

障が発生したとすると、プロペラをウインドミルで回転させている間にハイドロ圧力により、又は手動でバックアップ用のポンプを操作し、ランディング・ギアを上げる間に数百フィート高度を失ってしまう事を意味する。

3. ランディング・ギアは上げ位置にあり、片発動機での上昇も十分に可能である（Landing gear control selected up, single-engine climb performance adequate）（図 1 − 13）

　片発動機での上昇率が十分に得られるなら、該当するプロシージャーに従い、片発動機で飛行するには、考えるべき 4 項目がある：control（飛行機を操縦し続けること）、configuration（飛行機の形態）、climb（上昇すること）と checklist（チェックリストに従い操作する）の 4 項目である。

・CONTROL（飛行機を操縦し続けること）−離陸中にエンジン故障が発生した場合、まず考えておくべきことは飛行機を操縦し続けることである。エンジン故障を確認したなら、非対称になってしまった推力により発生する機首を振ろうとする動き、つまりヨー運動及び機体が傾こうとするロール運動が発生するので、これらを防ぐため、エルロン及びラダーを操作しなければならない。ラダーの操作力はかなり大きいはずである。V_Y での機首上げ姿勢、つまりピッチ姿勢は V_{YSE} に見合う機首上げ姿勢よりも大きいので、直ちに低くする。

　ヨーを停止させ、そして方向を保つため機体をバンクさせる場合、バンク角は 5 度以内に止めておくこと。短時間このバンク角を保つだけで、方向の維持は可能になるはずである。バンク角が 2 〜 3 度より大きくなると上昇性能を悪化させてしまうのだが、それよりも機体の方向を維持し、V_{YSE} を保つことのほうが重要である。操舵力を軽減させるため、トリムを調整する。

・CONFIGURATION（飛行機の形態）−"離陸直後のエンジン故障（engine failure after takeoff）" チェックリスト（図 1 − 14）内に示されている、チェックリストを見ることなく、暗記しておくべき操作項目を実施し、飛

浮揚後のエンジン故障

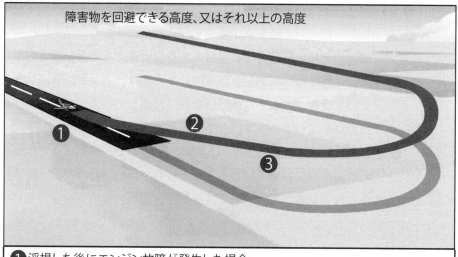

図1－13　ランディング・ギアを上げ、十分な上昇性能を得る
　　　　（Landing gear up－adequate climb performance）

行機を上昇に適した形態にする。特定の項目は、操縦する飛行機の AFM/POH 及びチェックリストに示されている。

　速度を V_{YSE} に調整し、出力を離陸出力に増加させ、フラップとランディング・ギアを上げ、どちらのエンジンが故障したのかを見極め、その後故障したエンジンのプロペラをフェザーするよう、パイロットに指示するものがほとんどである（飛行機によってはフラップを上げる前にランディング・ギアを上げるように指示されているものもある）。

第1章　双発機への移行

　"❷－4に示す判定すべき段階（Identify step）"とは、どちら側のエンジンが故障したのか、パイロットが確認することを意味する。発生した故障によっては計器を見て確認できる場合もあるし、確認できない場合もあるに違いない。どちら側のエンジンが故障したのかは、エンジン計器類を見て判断するのではなく、水平直線飛行を保つため、どのような操舵力が必要になったのかによって判断すべきである。

　"❷－4に示す判定すべき段階（Identify step）"で、パイロットは故障したと思われるエンジン側のスロットルを絞らなければならない。性能面で何も変化しないようなら、正しく故障したと思われるエンジンのスロットルを絞ったことになる。その故障したエンジン側のプロペラ・コントロールを最後方位置まで引き、フェザー位置にする。

ENGINE FAILURE AFTER TAKEOFF（離陸直後のエンジン故障）

Airspeed（速度） ················ **Maintain V_{YSE}（片発時の最良上昇率速度を保つ）**
Mixtures（両ミクスチャー） ················ **RICH（リッチ位置にする）**
Propellers（両プロペラ） ················ **HIGH RPM（高回転位置にする）**
Throttles（両スロットル） ················ **FULL POWER（フル・パワー位置にする）**
Flaps（フラップ） ················ **UP（上げ位置にする）**
Landing Gear（ランディング・ギア） ················ **UP（上げ位置にする）**
Identify（判定する） ················ **Determine failed engine（どちら側のエンジンが故障したのか、判断する）**
Verify（確認する） ················ **Close throttle of failed engine（故障したエンジンのスロットルを閉じる）**
Propeller（プロペラ） ················ **FEATHER（故障したエンジン側のプロペラをフェザー位置にする）**
Trim Tabs（トリム・タブ） ················ ADJUST（調整する）
Failed Engine（故障したエンジン） ················ SECURE（停止操作をする）
As soon as practical（なるべく早く） ················ LAND（着陸する）

Bold-faced items require immediate action and are to be accomplished from memory.（太文字で示す項目は、暗記しておき、チェックリストを見なくても直ちに操作できるようにしておかなければならないことを示している）。

図1－14　一般的な"離陸直後のエンジン故障"に対する緊急操作チェックリスト（Typical"engine failure after takeoff" emergency checklist）

- CLIMB（上昇）ー方向の維持ができ、飛行機を上昇可能な形態にできたなら直ちにバンク角を浅くし、最良な上昇性能が得られるようにする。特に指示はないものの、機体をサイドスリップさせないとしても2度程度のバンク角、及び旋回計（Slip/Skid Indicator）のボールが半分から1/3程度飛び出してしまう状態が考えられる。V_{YSE}はピッチを調整して維持する。空港に戻る場合、旋回すると上昇性能は低下してしまうので、少なくとも対地高度400フィート以上に達するまで直進飛行しながら上昇するか、どうしても障害物を回避しなければならない場合、浅いバンク角でこれを回避しなければならない。

- CHECKLIST（チェックリスト）ー"離陸直後のエンジン故障"に対する緊急操作チェックリストー（Typical"engine failure after takeoff" emergency checklist）に示されている、暗記しておきチェックリストを見なくても操作できるようにしておくべき項目の操作を終えたなら、時間的な余裕があるようなら印刷されているチェックリストを参照すべきである。図1－15に示す"故障したエンジンの停止操作"のチェックリスト（"Securing Failed Engine" Checklist）に従い操作項目を実施しなければならない。エンジン火災が発生していないなら、特に急ぐ必要はないので、チェックリストに示されている項目を確実に実施しなければならないし、チェックリストに示されている項目を実施している最中も、飛行機の操縦をおろそかにしてはならない。まっさきに操作すべき項目は、暗記しておき実施する項目として、すでに操作し終えているはずだからである。

第1章　双発機への移行

SECURING FAILED ENGINE（故障したエンジンの停止操作）
Mixture（ミクスチャー）……………………………IDLE CUT OFF（アイドル・カット・オフ位置にする）
Magnetos（マグネトー）……………………………OFF（オフ位置にする）
Alternator（オルタネーター）………………………OFF（オフ位置にする）
Cowl Flap（カウル・フラップ）……………………CLOSE（閉じる）
Boost Pump（ブースト・ポンプ）…………………OFF（オフ位置にする）
Fuel Selector（燃料セレクター）……………………OFF（オフ位置にする）
Prop Sync（プロペラ・シンクロ装置）……………OFF（オフ位置にする）
Electrical Load（電気負荷）………………………Reduce（減少させる）
Crossfeed（燃料のクロスフィード）………………Consider（考慮する）

図1－15　一般的な"故障したエンジンの停止操作"を示す緊急時のチェックリスト（Typical"securing failed engine" emergency checklist）

　故障したエンジン側のカウル・フラップを閉じる操作を除き、チェックリストに示されている操作を行わないとしても、飛行機の上昇性能を低下させることはない。ここに示す操作を急いで行うと、誤って異なるスイッチとかコントロール装置を操作してしまう可能性が高くなる。

　あくまでもパイロットは飛行機を操縦し続けること、そして最大の性能を得ることに専念しなければならない。航空交通管制機関と交信ができるようなら、緊急状態（エマージェンシー状態）に陥っていることを宣言（Declare）すべきである。

　"離陸直後のエンジン故障"に対する緊急操作チェックリスト内に示されている、暗記しておきチェックリストを見なくても操作できるようにしておくべき項目の中には、飛行機の形態によっては不要な操作も含まれている。

　例えば、先ほど説明した3番目のシナリオを例にすると、ギア及びフラップはすでに引き上げているにもかかわらず、記憶しておくべき操作項目には

浮揚後のエンジン故障

ギアとフラップに関する操作項目が含まれている。何らかのミスにより、このようになっているわけではない。記憶しておくべき操作項目には、単に操作するだけではなく、該当する操作項目が現在どのようになっているか、確認するという意味も含まれている。

　暗記しておきチェックリストを見なくても操作できるようにしておくべき項目は、すべての飛行状態に必要であるとはいえないかもしれないが、多くの飛行状態に必要である操作が含まれているといえる。ゴー・アラウンド中に片方のエンジンが故障した場合、ランディング・ギアとフラップは下げたままになっている可能性もあるからである。

　先ほど説明した3つのシナリオでは、ランディング・ギアが下がっているかどうかが、着陸するか離陸を続行するかを判断する重要な要素となる。

　例えばランディング・ギアのセレクターがDOWN位置（下げ位置）になっているなら、離陸を継続し上昇する操作は好ましくない。だからと言って通常の操作として、離陸時飛行機が地面を離れ、浮揚したなら直ちにランディング・ギアを上げるという意味ではない。着陸できる滑走路の長さが残っているとか、着陸可能なオーバーラン地帯があるようなら、できるだけ長い間ランディング・ギアを下げ位置にしておくべきである。

　離陸時にフラップを使用している場合、どちらかのエンジンが故障した場合、フラップを上げ位置にするまで片発動機での上昇性能を低下させてしまう。

　エンジン故障に直面した場合、パイロットに有効な、長年にわたりその有効性が実証されている2つの記憶しておくべき事項がある。

　1つ目は"Dead foot － dead engine（故障したエンジンと反対側のラダーを踏み込み、方向を維持せよ）"で、どちらのエンジンが故障したのかを判断する良い手助けとなる。発生した故障によって、パイロットはエンジン計器を見てもどちらのエンジンが故障したのか、短時間のうちにはっきりと識

別できない可能性もある。しかし、飛行機の方向を維持するには、作動しているエンジン側のラダー（右側又は左側）を大きく踏み込まなくてはならない。つまり "dead foot" とは "dead engine" と同じ側を意味する。

　そして "Idle foot − idle engine" 及び "Working foot − working engine" という表現の仕方もある。

　2つ目に記憶しておくべき事項は、上昇性能を得る場合に役立つ。覚えておくべき言葉は "Raise the dead" で、作動しているエンジン側の翼を2度程度下げ、浅いバンク角を取ってやると最良の上昇性能が得られることを意味する。つまり、故障しているエンジン、いわゆる "dead" 側の翼をほんの少し "raise"、つまり上げて浅いバンク角を取ってやることを意味する。

　状態によっては、完全に故障してしまいエンジン出力が全て失われてしまうとは限らない。故障の状態によっては、ある程度出力の得られる場合もありうる。
　このような故障が発生し、ある程度出力を出しているエンジンのスロットルを絞ってしまうと性能が低下する恐れのあるような場合、パイロットは安全な片発飛行が可能となる高度及び速度の得られるまで、特に安全性を阻害することがないようなら、この不調となっているエンジンを運転し続けることを考えなくてはならない。故障したエンジンを停止させ、エンジン破損を防ぐことに没頭し、飛行機を失うような結果にしてはならない。

1−17　飛行中のエンジン故障（ENGINE FAILURE DURING FLIGHT）

　地表面よりかなり高い高度を飛行している時にエンジンが故障した場合、これまで説明したように、低い高度しかも低速度でエンジンが故障した場合とは異なる方法で処置することができる。巡航速度を保って飛行している飛

行機の操縦性は、低速度、低高度で飛行している場合に比べはるかに勝っているうえ、高度に余裕があるためどのような故障が発生したのか、またその故障をどのように処置すればよいのかを見極める時間的な余裕もある。

　このような状態においても、最も重要なことは飛行機を操縦し続けることである。飛行しながらエンジン故障の原因を突き止める間に、高度は低下するだろう。

　すべてのエンジン故障や不調が悲劇的な結果を招くわけではない（悲劇的とは、エンジンにひどい破壊が発生してしまい、運転不能な故障を意味する）。出力低下の原因の多くは燃料が不足してしまった場合におこるので、別の燃料タンクに切り替えてやれば出力を回復することが可能である。スイッチがどの位置になっているか、計器類の指示はどうなっているかを順序立てて確認すれば、エンジン不調の原因を突き止めることができる。

　キャブレターのヒート（Carburetor heat）や非常用空気吸入口（Alternate air）を操作する手段もある。どちらか片方のマグネトーに切り替えるとか、エンジン出力を低くするとエンジン不調が収まり、スムーズになる場合もある。ミクスチャーの調整を変えると、エンジン不調の治まる場合もある。エンジン不調の原因は、燃料系統内に気泡が発生したためではないかと疑われるような場合には、ブースト・ポンプを作動させてやると燃料系統内に発生した気泡が取り除かれ、燃料圧力の変動を安定した圧力に戻すことも可能である。

　エンジンが不調になった場合、パイロットは、念のためそのエンジンを停止させてしまおうと考えがちになると思われるが、安全に飛行し続けるには不可欠と思われるようなら、不調であってもそのエンジンを運転させ続けておくべきである。エンジンの激しい破損は、激しい振動や煙を発生させたり、塗装面に水泡のようなふくらみが生じたり、多量のオイルが噴き出してしまう、といった状態を伴う場合が多い。このような故障が発生したなら、

第1章　双発機への移行

そのエンジンのプロペラをフェザーし"故障したエンジンに対するSecuring failed engine checklist"に従い、対処する。

　パイロットは航空交通管制機関に緊急状態に陥っていることを宣言し、優先的に取り扱ってもらえるよう要請し、着陸可能な最寄りの空港へ着陸すべきである。

　燃料をクロスフィードすると、反対側の燃料タンクから正常に作動しているエンジンに燃料を送ることができ、片発動機で飛行する時間を長くすることができる。

　着陸に適した空港がすぐ近くにあるような場合、クロスフィードについて考慮する必要はない。着陸に適する空港が近くにない場合やある程度長い時間、片発動機で飛行しなければならないような場合、クロスフィードすれば、故障し、不作動になっているエンジン側の燃料を正常に作動しているエンジンに送ることができる。さらにクロスフィードすることで、タンク内の燃料を消費させ、左右の翼の重さを均一にし、バランスさせることもできる。

　AFM/POHに示されているクロスフィードの方法は、機種により様々に異なっている。クロスフィードを行うには、各飛行機の燃料系統をよく理解していることが必要である。クロスフィードを行う場合に必要な燃料セレクターの位置、燃料ブースト・ポンプの使用方法も双発機の機種により異なっている。着陸前にはクロスフィードを終了し、作動しているエンジンにはメイン燃料タンクから燃料を供給できるようにしておかなくてはならない。

　片発動機で飛行できる上昇限度以上の高度を飛行している状態で、片方のエンジンが故障してしまった場合、高度は徐々に低下する。パイロットは速度をV_{YSE}に保ち、高度低下を最小限に維持しなければならない。このように降下してしまう状態を"ドリフト・ダウン（Drift down）"と言い、この時の降下率はエンジン故障直後が最も大きく、高度が低下し、片発動機での

上昇限度高度に近づくにつれ小さくなっていく。

　エンジン及びプロペラの性能低下、パイロットの操縦技量、乱気流の状態によって、性能表に示されている片発動機での上昇限界高度を維持できない場合もありうる。この高度以下になっても降下してしまう場合、その降下率はかなり小さくなっているはずである。

　降下中、又は低出力で飛行している場合に片方のエンジンが故障しても、そう大きな変化は見られない。激しい機首方向の変化とか性能の低下は見られないので、かなり出力を低くして飛行している場合にエンジンが故障した場合、故障に気付かないパイロットもいるかもしれない。

　故障したのではないかと思われる場合、必要ならパイロットは両方のミクスチャー、プロペラ及びスロットル・レバーを前方に押し、離陸出力にした後どちらのエンジンが故障したのかを判定する。正常に作動しているエンジンの出力は、故障に対する処置を終えた後、低出力にすればよい。

1－18　エンジンが故障したままでのアプローチと着陸（ENGINE INOPERATIVE APPROACH AND LANDING）

　片方のエンジンが故障した状態でのアプローチ及び着陸は、基本的に両エンジンが正常に作動している状態でのアプローチ及び着陸と同じであるといえる。両エンジンが正常に作動している状態で場周経路を飛行する場合とほぼ同じ速度、高度そして同じ位置で旋回すべきである。

　異なる点は、片発なので使用し得るエンジン出力が少ないことと、その推力が非対称になっている点である。正常に作動しているエンジンの出力を、いつもより多めにする必要があるかもしれない。

　速度が多めで、性能的にも十分な状態ならダウンウインド・レグでランディング・ギアを降ろすことも可能である。いずれにしても、接地しようと

第 1 章　双発機への移行

している点の真横（Abeam）の地点に達するまでには、ギアを下げ（DOWN）位置にしておかなくてはならない。性能的に見て余裕があるようならフラップを一部下げ（一般的に 10 度下げ）、ダウンウインド・レグ上で正規の場周経路の高度へ降下する。

　速度を Y_{YSE} 以下にしてはならない。飛行機を十分に操縦でき性能的にも十分な飛行状態にあるなら、場周経路に定められている方位を保つために旋回をしても、全く問題ない。故障しているエンジン側に旋回しても、全く問題ない。

　十分な性能を得られる状態でベース・レグを飛行しているなら、フラップを中間位置（一般的には 25 度）に下げても支障ない。性能的に見て不十分な状態で飛行しているとか、対気速度が限界近いとか降下率が多すぎるような場合、このフラップ下げ操作は滑走路に接近するまで行わない。少なくとも V_{YSE} 以上の速度を維持していなければならない。

　最終進入経路であるファイナル・アプローチにおいて、着陸に望ましい進入角度(Glide path)は 3 度である。進入角度を知る手助けとなる VASI(Visual Approach Slope Indicator：進入角指示灯）などが設置されているなら、その灯火を利用すべきである。幾分進入角度が深くなっても差し支えない。しかし、浅い進入角度で低高度を、あたかも水平飛行するような進入方法は避けなければならない。急激に出力を増加させる、又は減少させるといった操作も避けなければならない。

　確実に着陸できると確信するまで速度 V_{YSE} を維持し、その後 $1.3V_{SO}$ 又は AFM/POH に示されている速度へ減速すること。フラップを着陸位置まで下げる操作は着陸寸前に行うが、アプローチ位置に下げた状態のまま着陸しても差し支えない。

　機体は着陸に適したトリムに調整されているはずである。パイロットは、接地前の機首上げ操作時（Round-out）、作動側エンジンをアイドル位置に

絞るので、ラダー・トリムを調整し直す必要があるかどうか、気を付けておかなければならない。

　正常に作動しているエンジンのプロペラがウインドミル状態で回転している場合、抗力はこちら側に限られるため、両エンジンが正常に作動している状態での着陸に比べ、浮き上がりがちになってしまう。従って、短い滑走路又は滑り易くなっている滑走路に着陸する場合にも、基本的に速度を正しく維持することが重要になる。

　ファイナル・アプローチ中ラダー・トリムを中間位置に戻し、機首を振ろうとする動きを、ラダーを操作して補おうとするパイロットも中にはいる。こうすると着陸前にスロットルを絞り、ラウンドアウトしている最中にトリムを調整する作業を省くことができる。

　このように、ファイナル・アプローチ中にラダー・トリムを中立位置に戻す操作は、進入中この操作を忘れてしまうというパイロットの不注意を防ぐことが可能となる。AFM/POH内に示されている推奨事項、又は犯しやすいミスを防ぐ方法に関する項目を参照すること。

　片方のエンジンが故障している状態でのゴー・アラウンドは避けるべきである。実際に、片方の発動機が故障した状態でアプローチする場合、ファイナル・アプローチ中にランディング・ギア及びフラップを下げているなら着陸すべきである。着陸に適していない滑走路だと思える場合には他の滑走路に向かうとか、タクシーウェイ又は空港内の草地に向かい、着陸すべきである。

　ほとんどの小型双発機は、片発動機で、ランディング・ギア及びフラップを下げたまま上昇できる性能を備えていない。速度V_{YSE}を保っているとはいえ、ランディング・ギア及びフラップの上げ操作を行っている間にかなりの高度を失ってしまう。500フィート、又はそれ以上高度を失うこともありうる。

緊急脚下げ操作を行いランディング・ギアを下げている場合、上昇性能は全く得られないばかりか、上げ操作も不可能である。

1－19　エンジン不作動時の飛行原理（ENGINE INOPERATIVE FLIGHT PRINCIPLES）

片発動機不作動時の最良上昇性能は速度を V_{YSE} にし、出力を最大にし、抗力を最小にしている状態で得られる。フラップ及びランディング・ギアを上げ、故障したエンジンのプロペラをフェザーした状態で最大の上昇性能を得られるかどうかは、サイドスリップ（Sideslip）を最小限に止められるかどうかにかかってくる。

単発機であれ、両エンジンが正常に作動している双発機であれ、旋回計に組み込まれているボールを中央にすればサイドスリップを防ぐことができる。この状態を横滑りゼロ、つまりサイドスリップしていない飛行状態といい、相対風（Relative Wind）に対し飛行機の形状（Profile。機体を前方から見た面積）は最も小さくなる。この結果抗力も最小になる。パイロットは、このような飛行を調和した飛行状態（Coordinated Flight）と呼ぶ。

片方のエンジンが故障した状態で飛行している双発機の場合、左右エンジンの発生する推力が対称ではなくなるため、旋回計のボールを中央になるようにしてもサイドスリップがゼロの飛行状態と呼ぶわけにはいかない。実際、サイドスリップは存在していない、と示してくれる計器は存在しない。横滑り（サイドスリップ）しているかどうかを示してくれる毛糸、つまりヨー・ストリング（Yaw String）が機体や風防に取り付けられていない場合、機体のサイドスリップを最小限に抑えるには、予め示されているバンク角及びボールの位置にする必要がある。

AFM/POH に示されている片発飛行時の性能表は、サイドスリップしていない状態での数値を表している。機体をサイドスリップしていない状態に調

整しているなら、この性能を得ることができる。

　片方のエンジンが故障してしまったために発生する非対称推力に対抗するには、異なる２つの操作方法を行う。一つはラダー操作によるヨー方向の動きを制御し、その二はエルロンを操作してバンク角を取る。この操作により、揚力の水平成分を調整する。これらの方法を別々に操作しても意味がないので、これら２つの方法を同時に、しかも正しく組み合わせて操作すればゼロ・サイドスリップの状態にすることができ、最良の上昇性能を得られることになる。

　これら３つの操縦方法による効果は、どちらの操作も一方のみでは効果がなく、両方を一緒に行うことで効果を生む（Neither of the first two is correct）。最良の上昇性能を得るため、これらの操作を行い、ゼロ・サイドスリップにする方法を図示しておく（図１－16）。

1. 片方のエンジンが故障した状態で、主翼を水平に保ったうえボールを中央に保って飛行するには、作動しているエンジン側にラダーをかなり大きく操作しなければならない（図１－16）。このように操作すると、作動していないエンジン方向へ作用するサイドスリップを小さく押さえることが可能になる。減少しているとはいえサイドスリップは存在しているので、上昇性能もある程度低下してしまう。

　　主翼を水平にすると、非対称推力に対抗するため、ラダーの操舵力に揚力の水平成分が費やされてしまうため、最小操縦速度 V_{MC} の値は、性能表に示されている速度より速くなってしまう。

2. 片エンジン不作動の状態で、作動しているエンジン側に翼を必要な８～10度バンクさせて飛行する（図１－17）。ラダーは操作しないものとする。ボールは作動しているエンジン側に飛んでしまう。機体は、作動しているエンジン方向へ大きくサイドスリップしてしまう。かなり大きくサイドス

第1章 双発機への移行

リップしているので、上昇率はかなり損なわれてしまう。

3. ラダーとエルロンを同時に、しかも正しく操作すると、作動しているエンジン側へのバンク角は、約2度になる。ボールは作動しているエンジン側に 1/2 ～ 1/3 ほど外れた状態になる。この状態にするとサイドスリップはゼロとなり、最大の上昇率が得られることになる（図1 − 18）。どの高度を飛行するとしても、サイドスリップをゼロにしない限り抗力は増加してしまい、性能を低下させる。

　承認されている限界の5度バンク以内とは言え、サイドスリップが存在している状態での V_{MC} は、性能表に示されている速度に比べ、大きくなってしまう。

　サイドスリップがゼロ（バンク角及びボールの位置に注意）の飛行状態は、飛行機及び使用できる出力、速度によっても異なる。互いに反対方向に回転するプロペラ（Counter-rotating propellers）を装備していない飛行機の場合、Pファクター（P-factor）が存在するため、どちら側のエンジンが故障したのかによっても違ってくる。

　先ほど説明したサイドスリップをゼロにするために行うべき方法は、レシプロ・エンジンを装備する双発機で、片方のエンジンが故障し、そのエンジンのプロペラをフェザーし、V_{YSE} で飛行する飛行機に該当する。水平飛行でサイドスリップ・ゼロを示すボールの位置は、旋回時にもサイドスリップ・ゼロを示す。

　ある双発機を想定し、この飛行機のバンク角変化に対する上昇性能をプロットして点で示すと、サイドスリップ・ゼロの状態での上昇性能（最小だが）は最大となり、降下率も最も小さくなる。バンク角ゼロ（発生するヨーは、すべてラダーで補う）での上昇性能は、ある程度サイドスリップしている状態よりも低くなってしまう。バンク角のみ（全くラダーを操作せずに）で機

エンジン不作動時の飛行原理

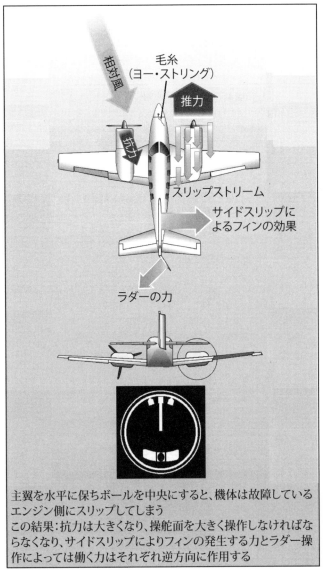

図1-16　エンジンが故障した状態で、主翼を水平に保って飛行する
　　　　（Wings level engine-out flight）

第1章　双発機への移行

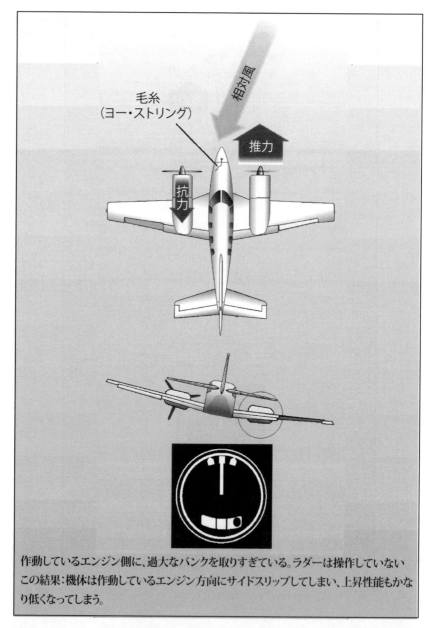

作動しているエンジン側に、過大なバンクを取りすぎている。ラダーは操作していない
この結果：機体は作動しているエンジン方向にサイドスリップしてしまい、上昇性能もかなり低くなってしまう。

図1－17　エンジンが故障した状態で、バンク角を大きくしすぎて飛行する
　　　　（Excessive bank engine-out flight）

エンジン不作動時の飛行原理

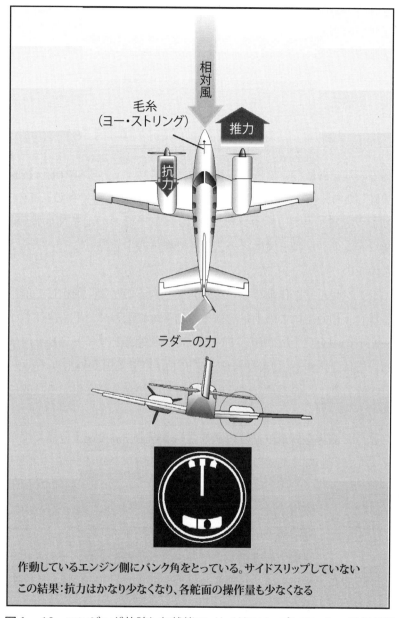

作動しているエンジン側にバンク角をとっている。サイドスリップしていない
この結果：抗力はかなり少なくなり、各舵面の操作量も少なくなる

図1－18　エンジンが故障した状態で、サイドスリップしていない飛行状態
　　　　（Zero sideslip engine-out flight）

第 1 章　双発機への移行

体を傾斜させても、サイドスリップは大きくなってしまうので、上昇性能もかなり低下する。

　様々な機種で、サイドスリップ・ゼロの状態が得られるバンク角はどうなっているのかを調べると、1から1.5度及び1.5から2度の範囲に集中している。ボールの位置は、計器の中央からボールの幅 1/2 〜 1/3 ほど離れた位置に集中している。

　すべての双発機について言えるが、サイドスリップ・ゼロの飛行状態は機体に装備したヨー・ストリング（yaw string）で知ることができる。このヨー・ストリングとは、長さ 18 インチから 36 インチほどの毛糸又は細い紐で、これをウインドシールド又はノーズ付近で機体の中心線上にテープ等で固定したものをいう。

　両エンジンが正常に作動している双発機で滑ることなく調和して飛行をしている場合、相対風はこの毛糸を機体の前後軸に沿わせ、毛糸自体もウインドシールドの中央真上に向かっている。この状態だとサイドスリップはゼロになる。機体を内滑り、つまりスリップ（Slip）させるとか外滑り（スキッド：Skid）させると、この毛糸により相対風の方向がかなり変化する状態に気付くはずである。

　このように機体を外滑り又は内滑りさせる場合、高度を十分高く保ち、速度も多くして行わなくてはならない。

　片方のエンジンを推力ゼロ、つまりゼロ・スラスト（Zero Thrust）にするかフェザーし、機体を速度 V_{YSE} に調整し、残っているエンジンの出力を最大出力にし、最良の上昇性能及びサイドスリップ・ゼロの状態を得るには適正なバンク角と適正なボールのずれ具合が要求される。再度述べておくが、サイドスリップがゼロの飛行状態は、ヨー・ストリングがウインドシールドのまっすぐ上に位置していることで分かる。

　どちら側のエンジン（反対方向に回転するプロペラを装備していない飛行

機の場合）が故障したとしても、その故障した側のエンジン、出力の差、速度及び重量による姿勢変化の違いはわずかである；より正確なテスト機器無しにこの違いを感知することはかなり難しいに違いない。異なる密度高度（Density altitude）、使用可能な出力の違い、又は機体重量の違いのみがV_{YSE}を保つために必要なピッチ姿勢を決定する。

機体にヨー・ストリングを取り付け、V_{MC}デモンストレーション（V_{MC} Demonstration）を実施する場合、サイドスリップしている状態でも、このV_{MC}が存在するということを知っておかなくてはならない。飛行機の型式承認を得る場合、V_{MC}に関する数値をサイドスリップのない状態で実証することは要求されていないうえ、パイロットの実地試験科目としてV_{MC}デモンストレーションを行う場合にも、サイドスリップ・ゼロは要求されていない。

片方のエンジンが故障した場合の飛行には、異なる2組のバンク角の組み合わせがある点について復習しよう。
- 低速度で飛行（上昇中等）している時に、双発機のエンジン片方が故障してしまった場合、V_{YSE}のピッチ姿勢に調整できるまで、作動しているエンジン方向に少なくとも5度、最大10度まで機体をバンクさせ、方向を維持する。

    双発機のパイロットはこの操作を、直ちに（1、2秒の間に）とれるように経験を積んでおかなくてはならない。V_{YSE}のピッチ姿勢が得られるまで、このバンク角を維持し、方向を保って飛行しなくてはならない。

- 最良の上昇性能を得るため、正常に作動しているエンジンの出力を最大にし、速度V_{YSE}及びサイドスリップ・ゼロ、故障したエンジンのプロペラをフェザーしておかなくてはならない。サイドスリップ・ゼロの飛行は、作動しているエンジン側に機体を約2度バンクさせ、同じく作動している

第1章　双発機への移行

エンジンの方向へ旋回計のボールを 1/2 〜 1/3 ほど滑らせた状態で得られる。

　サイドスリップ・ゼロの飛行状態にするための正確なバンク角及びボールの位置は、飛行機の型式及び使用可能な出力により異なる。飛行機が片発動機で飛行できる上昇限度以上の高度で飛行していたなら、機体をこの状態にすると、最小の降下率で降下する結果となる。

　離陸後、上昇を開始し始めた時のように、低高度で低速の状態で片方のエンジンが故障してしまった場合、パイロットは次に示す3つの状態にしないように機体を操縦し、事故を防がなくてはならない；(1) 機首方位の維持を失ってしまう、(2) 性能を低下させてしまう、(3) 飛行速度を低下させてしまう、の3つの項目である。

　これら3項目は、どれも同様の致命的な結果を招く危険性を秘めている。ただし、方向を維持しているうえ十分な性能の得られる飛行状態であるなら、飛行中ある程度速度を低下させてしまったとしても、そう大きな問題とはならないといえる。

1－20　スロー・フライト（SLOW FLIGHT）

　双発機でスロー・フライトを行う場合、単発機と特に異なる点はない。スロー・フライトは低速度でギア、フラップを上げたクリーン状態での飛行及びランディング・ギアを下げ、フラップを様々な角度に下げた着陸形態での飛行を言い、水平直線飛行及び旋回飛行を行う科目である。このスロー・フライトを実施中、パイロットはシリンダー・ヘッド及びオイル温度に十分注意しなければならない。高性能双発機でスロー・フライトを行うと、機種によっては着陸形態で実施すると急激にエンジン温度が上昇する機体もあるので、十分注意しなければならない。

　スロー・フライトを実施中、模擬エンジン故障（Simulated engine

failures）の科目を行ってはならない。機体はV_{SSE}（Velocity Single engine Safety Speed: 片発動機での安全飛行速度）より低い速度であり、しかもV_{MC}に近い速度で飛行しているためである。スロー・フライトを実施中の場合、安定装置（Stability）、失速警報装置（Stall warning）又は失速回避装置（Stall avoidance devices）を作動不能の状態にしてはならない。

1－21　ストール（STALLS）

　双発機の失速特性（Stall Characteristics）は単発機のそれと同じように、機種ごとに異なっているので、習熟することが重要である。失速から回復する場合に使用する出力増加による影響は、単発機に比べ双発機のほうがはるかに大きい。出力を増加させると、双発機の場合、プロペラが後方に送り出す多量の空気の流れは直接主翼の上を流れ、大きな揚力が発生するとともに、推力も増加する。

　双発機が軽い機体重量で飛行している場合、推力と機体重量の比（Thrust-to-weight ratio）は大きくなっているため、失速状態からでも素早く加速できるので、すぐ脱することが可能になる。

　一般的に、失速の感知及び回復操作の訓練は、双発機でも高性能単発機（High performance single-engine aircraft）で行う場合とよく似ている。しかし、双発機で失速に関する訓練を行う場合、少なくとも対地高度3,000フィートまでに終了できるよう、計画しなければならない。

　片発動機での失速、又は片方のエンジン出力を大きくしたままでの失速は、操縦不能な飛行状態を招くとか、スピンに入る危険性があるので決して実施してはならない。失速への接近、又は回復操作中に模擬エンジン故障の科目を実施してはならない。

1−21−1　パワーオフ・ストール（アプローチ及び着陸形態）
(POWER-OFF STALLS (APPROACH AND LANDING))

　パワーオフ・ストールは様々なアプローチ及び着陸時の場面を想定し、訓練する。パワーオフ・ストールの科目を訓練する場合、まず訓練する空域に他の航空機がいないことを確認する。確認し終えたら減速し、アプローチ又は着陸時の形態にする。

　安定した降下姿勢（降下率は約500フィート/分）にし、トリムを調整する。パイロットはこの安定した降下姿勢からスムーズに機首を上げ、失速を招く姿勢にする。この状態で出力を低下させ、離陸速度よりも少ない速度でトリムを調整し、これ以降はトリム調整を行わない。

　飛行機が失速したら、回復操作として迎え角を小さくするよう操縦装置をスムーズに操作し、その後、離陸出力又は規定されている出力へスムーズに増加させる。フラップをフルに下げた状態からアプローチの位置まで上げるか、航空機製造会社が定めている位置へ上げる。

　正の上昇率が得られたらランディング・ギアを上げる。機体が上昇し始めたら、まだ下げてあるフラップを上げる。この回復操作は、飛行機ごとに異なる失速時の高度損失を最小限に抑えるように実施しなければならない。

　回復操作を行っている上昇時中、飛行機をV_X（障害物が存在すると想定して訓練する場合）、又はV_Yに加速する。失速からの回復操作中、失速操作開始前に調整したトリムはそのままになっているので、速度をV_X又はV_Yに加速させている間は、エレベーター/スタビレーター（Elevator/Stabilator）をかなりの力で前方に操作しなければならないかもしれないので、トリムを調整する必要があるだろう。

　パワーオフ・ストールの訓練は、水平姿勢又は浅いバンク角から、ある程度バンクを取った姿勢からでも実施できる。旋回しながら失速からの回復操

作を行う場合、主翼を水平に戻すまで迎え角は小さくなっている。調和のとれた操縦系統の操作をしなければならない。

　双発機の場合、比較的翼面荷重が大きいので、フル・ストール（機体を完全に失速させてしまうこと）は望ましくない。ストールに関連する訓練は、失速状態への接近及び失速初期の兆候までにしておくべきである。操縦系統の効きの悪さ又は機体の失速する兆候を感じたなら、回復操作を行うべきである。

1－21－2　パワーオン・ストール（テイクオフ及びディパーチャー形態）（POWER-ON STALLS (TAKEOFF AND DEPARTURE)）

　パワーオン・ストールは、離陸時の場面を想定し、訓練する。パワーオン・ストールの科目を訓練する場合、まず訓練する空域に他の航空機がいないことを確認する。

　航空機製造会社が推奨する離陸速度（Lift-off speed）に機体を減速する。飛行機を離陸時の形態（Takeoff configuration）にする。この速度でトリムを調整する。AFM/POHに示されているパワーオン・ストール訓練実施時のエンジン出力に増加させる。この出力が規定されていないなら、機体を失速する可能性のあるピッチ姿勢にしながら最大出力の約65％にセットする。離陸重量が大きい場合、密度高度が高い場合を想定してこの科目を実施するなら、ある程度出力を少なくして実施することもできる。

　機体が失速し始めたなら、調和した操舵で迎え角を小さくし、適切に出力を増加させ、回復操作を行う。

　機体重量が大きくしかも密度高度も高く、使用可能な出力が制限されている場合を想定して訓練する場合であって、失速からの回復操作を行うには、出力を制限しても支障ない。回復操作時、飛行機の失速特性による高度損失

を最小限に止めなくてはならない。

　正の上昇率が得られたらランディング・ギアを上げ、フラップを離陸位置に下げているならフラップも上げる。失速からの回復操作時、飛行経路上に障害物があると想定しているなら速度V_Xを、そうでない場合にはV_Yを目安（Target airspeed）とする。回復操作後V_X又はV_Yに機体を加速させる場合、パイロットは機首下げ姿勢にするトリム調整（Nosedown trim）を予測していなくてはならない。

　訓練として行うパワーオン・ストールは、水平飛行及び浅いバンク角、通常のバンク角での旋回からでも実施することができる。旋回飛行からパワーオン・ストールの回復操作を行う場合、主翼を水平に戻すまでの間、迎え角はある程度減少しているので、調和した操縦装置の操作をしなければならない。

1－21－3　スピンに対する注意（SPIN AWARENESS）

　スピンの承認を受けている双発機は存在しないうえ、スピンからの回復特性も良くない。従ってスピンを回避する方法、及び不意にスピンに入る可能性のある状況はどのようにすれば防げるのか、をよく理解しておかなくてはならない。

　どのような飛行機であっても、スピンさせるにはまず機体を失速させなくてはならない。失速したなら、機首を振ろうとするヨーイング・モーメント（Yawing moment）を発生させなくてはならない。双発機の場合、このヨーイング・モーメントはラダー操作、又は推力を非対称にすると発生させることができる。

　V_{MC}デモンストレーション（V_{MC} Demonstrations）の課目実施中、失速訓練時、低速飛行の課目実施時、その他低速度／大きな迎え角で飛行している状態で推力を大きく非対称にして飛行している場合、スピンに入る危険性があるので、十分に注意しなければならない。

模擬エンジン故障の訓練を行う場合に、速度が低すぎる状態で課目を実施すると、スピンに陥る可能性は高くなる。片発動機不作動時の安全速度 V_{SSE}（Safe, intentional one-engine inoperative speed）以下の速度でこの模擬エンジン故障の訓練を行ってはならない。片発動機不作動時の安全速度 V_{SSE} が示されていない機体の場合、この速度を V_{YSE} に決めておく。

　模擬エンジン故障の訓練は"不可欠"なのだが、低速度での実施は誤りである。訓練時を除くと、通常、双発機が速度 V_{SSE} 以下で飛行する状態は、離陸直後のわずか数秒間、及び着陸時、高度10数フィート以下に達した時のみに限られるであろう。

　模擬エンジン故障の課目を訓練中、スピンに入る危険性を防ぐためインストラクターは、訓練を担当しているステューデントが適したバンク角及び速度を維持しているか、プロシージャー通りに実施しているか、十分注意していなければならない。

　ステューデント・パイロットに失速及びスロー・フライトの課目を実施させている場合、インストラクターは特に注意を払うべきである。重心位置が前方にある場合、失速及びスピンを回避する特性は大きくなるものの、その危険性を除外するわけではない。V_{MC} デモンストレーション（V_{MC} Demonstrations）の課目実施中、インストラクターは失速が迫っている兆候に十分注意しなければならない。ステューデント・パイロットは、この課目に求められている、方向を維持するための操縦にばかり気を取られてしまい、失速の初期的な兆候に気付かない可能性もあるからだ。

　その時の密度高度の状態では、V_{MC} デモンストレーションの訓練を実施できない場合、エンジン故障－方向維持不能の実証（ENGINE INOPERATIVE － LOSS OF DIRECTIONAL CONTROL DEMONSTRATION）内のラダーを踏み込めなくする方法で、この課目を行うことができる。

　スピンに関するテストを実施した双発機（このテストは要求されていない

ため）はほとんど存在しないので、取るべきスピンからの回復操作については、スピンの承認を受けている多くの飛行機に共通の、一般的な回復操作を基にしているに過ぎない。調和のとれた飛行状態から逸脱しているため、スピンによる機体の動きは急速で、方向感覚を失う可能性がある。

　垂直方向にスピンしている機体が、左右どちらに旋転しているのかを判断するには、旋回計の針（Turn needle）、又はターン・コーディネーター（Turn coordinator）内に示されている飛行機のシンボル（Symbol airplane of the turn coordinator）で確認する。旋回計内のボールの位置とか、他の計器を基に判断してはならない。

　スピンに入ってしまった場合、多くの航空機製造会社は、両エンジンのスロットルをアイドル位置に絞ると同時に、旋転方向と逆のラダーを一杯に踏み込み、同時にエレベーター／スタビレーターを前方一杯に操作（エルロンは中立位置）するように指示している。これらの操作は、ほぼ同時に実施することが望ましい。スピンから回復できたとしても、この間の高度損失はかなり大きいはずである。スピンに入り、回復操作が遅れてしまえば遅れるほど、回復できる可能性は失われてしまう。

1－22　エンジン故障－方向維持不能の実証（ENGINE INOPERATIVE － LOSS OF DIRECTIONAL CONTROL DEMONSTRATION）

　V_{MC} デモンストレーションと呼ばれる、エンジンが故障した状態で方向が維持できなくなる状態を実証する課目は、双発機の操縦資格を得るため、実地試験で行う課目である。

　V_{MC} に影響を及ぼす要素及びその定義は、双発機を操縦するパイロットにとって必要な知識であるとともに、実地試験で課目を行う上での必須事項でもある。V_{MC} は航空機製造会社が定める速度で、AFM/POH 内に記載されているとともに、多くの飛行機の場合、速度計に赤色の放射線で表示されてい

る。双発機のパイロットはこのV_{MC}について、どのような状態においても変化しない速度ではない、という事実をよく理解しておかなくてはならない。ただし、飛行機の型式証明に関する承認を得るため、V_{MC}を求めるために定められている一定の条件下において行う試験飛行では変化しない（図1－19）。

事実、V_{MC}は次に示す要素によって変化してしまう。訓練中や実地試験時の課目としてV_{MC}を実施する場合、又は実際にエンジンが故障してしまった場合、その時の状態及びパイロットの操縦技量によって、記載されている速度よりも幾分少なくなるとか、大きくなってしまう可能性がある。

飛行機の型式証明を受ける場合、V_{MC}とは、突然臨界発動機（Critical engine）が停止し、このままの状態でバンク角5度以内の状態で機首方向を維持し、水平直線飛行できる速度を海面高度に較正した速度をいう。

V_{MC}を決定するためのこの説明は"動的（Dynamic）"な状態での速度をいう。飛行機の型式証明を受けるため、経験豊富なテスト・パイロットの操縦技量を用いて得た速度であり、この範囲を超えた状態でV_{MC}を得てみよう、などと試みてはならない。

飛行機の型式証明を受けようとする場合"静的（Static）"な状態、言い換えると定常的な状態で求めるV_{MC}がある。動的に求めた速度と静的に求めた速度V_{MC}に違いがある場合、どちらか大きい速度をV_{MC}とする。静的にV_{MC}を求めるということは、バンク角5度以内の範囲でこの速度を保ち、水平直線飛行できることを意味するだけである。これは、双発機の操縦資格を得るための実地試験時、実施することを要求されているV_{MC}デモンストレーションの課目により近いといえる。

第 1 章　双発機への移行

　AFM/POH に示されている V_{MC} は、"臨界発動機（Critical engine）"不作動時に求めた速度である。この臨界発動機とは、故障した場合、飛行機の方向を保持する能力に最も悪影響を及ぼすエンジンをいう。パイロットのシートから見て、時計方向に回転するエンジンを装備する一般的な双発機の場合、臨界発動機は左エンジンとなる。

　双発機も単発機と同様に P ファクター（P-factor）の影響を受ける。飛行機が動力飛行を行っていて正の迎え角になっている場合、各エンジンの下方向に向かうプロペラ・ブレードは上に向かうブレードよりも大きな推力を発生する。
　右エンジンに付いているプロペラの下に向かうブレードは、重心位置からの距離がより大きくなっているので、左エンジンに付いているプロペラ・ブレードの下に向かうブレードよりモーメント・アーム（Moment arm）も長くなる。従って、左側のエンジンが故障すると、右エンジンの推力で飛行するため、推力の非対称（アドバース・ヨー：Adverse yaw）はより大きくなる（図 1 － 19）。

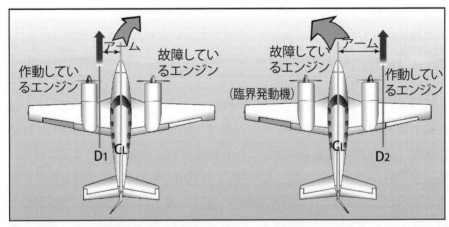

図 1 －19　片発動機で飛行している状態で発生する力
　　　　　（Forces created during single-engine operation）

双発機の中には、逆回転する右エンジンを装備する設計の機体も多くある。このように設計するとどちらのエンジンが故障しても、発生する非対称推力は同じになる。従って、どちらのエンジンが故障しても、故障によって発生する影響は同じなので、V_{MC} デモンストレーションの課目を、どちらのエンジンでもウインドミル状態（Windmilling）にして実施することができる。

飛行機の型式証明を取得するには、次に示す状態で"動的（Dynamic）"な V_{MC} を求めなくてはならない。

・**最大離陸出力であること（Maximum available takeoff power）**
　作動しているエンジンの出力を増加させると、V_{MC} も大きくなる。
　過給機を装備していないエンジン（Normally aspirated engines）を装備する飛行機の場合、海面上の高度で出力を最も大きな離陸出力にした状態で速度 V_{MC} は最大となり、高度が上昇するにつれ V_{MC} は減少する。
　ターボチャージャーを装備しているエンジン（Turbocharged engines）の場合、エンジンの臨界高度（エンジンが 100% の出力を出せなくなってしまう高度：Engine's critical altitude）まで、V_{MC} は一定である。臨界高度以上の高度になると、臨界高度が海面上高度になる過給機の無いエンジンを装備する双発機と同じく、V_{MC} は少なくなっていく。
　V_{MC} を求めるテスト飛行は、様々な高度で行われる。様々な高度で得られた速度は、一つの、海面上高度での速度に較正される。

・**プロペラはウインドミル状態であること（Windmilling propeller）**
　エンジンが不作動になって抗力が大きくなっているため、V_{MC} も増加してしまう。臨界発動機のプロペラが低ピッチ（Low pitch）、高回転するブレードの角度になっていて風車のように回転している場合、つまりウインドミル状態になっていると V_{MC} は最大となる。
　自動的にフェザー位置になるオートフェザー装置（Autofeather system）

第1章　双発機への移行

がエンジンに装備されていない場合、V_{MC} はプロペラが離陸時の位置（高回転）でウインドミル状態での値とする。

- **最も不利な機体重量及び重心位置であること（Most unfavorable weight and center-of-gravity position）**

　重心位置が後方に移動すると V_{MC} も増加する。重心位置が後方に移動するとラダーのモーメント・アームは減少するので、ラダーの効果も少なくなってしまう。同時にプロペラ・ブレードのモーメント・アームも増加するので、非対称推力はさらに悪化する。重心位置の後方限界は、最も好ましくない重心位置である。

　現在の連邦規則14パート23（CFR14 part23）は V_{MC} について、最も不利な機体重量で求めることと規定している。以前のCAR3（民間航空規則3）、又は以前のCFR14パート23で型式承認を受けている双発機は、V_{MC} を決定した時の機体重量を特定していない。機体重量が軽くなると、V_{MC} は増加する（図1－20）。

- **着陸装置は上げ位置にあること（Landing gear retracted）**

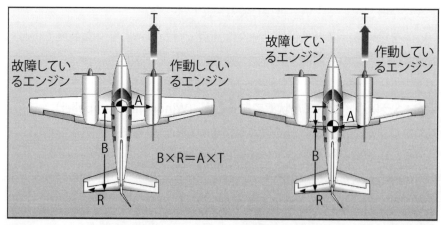

図1－20　CG位置が機体のヨーに及ぼす影響（Effect of CG location on yaw）

着陸装置を上げ位置にすると、V_{MC} は増加する。着陸装置を下げ位置にしておくと、V_{MC} を減少させる効果のある方向安定性（Directional stability）が増加する。

・主翼のフラップは離陸位置になっていること（Wing flaps in the takeoff position）　多くの双発機では 0 度である。

・カウル・フラップは離陸位置になっていること（Cowl flaps in the takeoff position）

・飛行機は離陸時のトリムに調整してあること（Airplane trimmed for takeoff）

・機体は地面効果の得られない高度で飛行していること（Airplane airborne and the ground effect negligible）

・バンク角は最大 5 度とすること（Maximum of 5° angle of bank）
　V_{MC} は、バンク角によってかなり敏感に変化する。承認を受けている飛行機の V_{MC} が低速すぎ、現実には得られないという異論に対し、航空機製造会社は作動しているエンジン側に 5 度バンク角を取ることを認めている。
　バンク角を取ることで発生する揚力の水平成分は、作動しているエンジンによって発生する非対称推力に対抗するラダーの効果を補助する。バンク角は、航空機製造会社が望む低い速度の V_{MC} を得る働きをする。

　バンク角を深くすると、V_{MC} は驚くほど増加してしまう。逆に、バンク角を浅くすると、V_{MC} の値より少し多めになる。テスト結果を見ると、バンク角を 5 度から浅くすると、1 度浅くする毎に 3 ノット以上増加することが分かる。主翼を水平に保った状態だと、V_{MC} は承認を受けている速度より、

第1章 双発機への移行

20ノットも大きくなってしまう。

　航空機製造会社がある飛行機の型式承認を受ける場合、V_{MC}を求めるにはバンク角を最大5度以下に制限すること、と航空規則に規定されている。バンク角を5度取っても、サイドスリップをゼロにするとか、片発動機での上昇性能を最大にするわけではない。サイドスリップがゼロの状態、及び片発動機での最良上昇性能は、バンク角5度以下で得られる。

　型式証明を取得するため速度V_{MC}を求める場合、この速度はある特定の条件下で実証された、飛行方向を維持できる最小の速度で、上昇性能とか、上昇性能の得られる最良の飛行高度、形態を示すものではない。

　飛行機の型式承認を受ける際、動的なV_{MC}を決定する場合、テスト・パイロットは徐々に速度を減少させながらミクスチャー・コントロールを使って臨界発動機を停止させる。

　V_{MC}は臨界発動機を停止させた時の機首方位から、20度内の範囲で機首方位を維持できる最小の速度をいう。この速度を得るテストを行っている場合、両エンジンが作動している状態の上昇角度は大きいので、臨界発動機を停止させた後、直ちに飛行機のピッチ姿勢を低くし、テスト開始速度にしなければならない。

　V_{MC}の課目を実施する場合、パイロットは高い出力で運転しているエンジンを停止させてはならないし、V_{SSE}以下の速度でエンジンを停止させてはならない。

　飛行訓練としてV_{MC}デモンストレーションの課目を実施しその後回復操作を行う方法は、飛行機の型式承認を受ける場合に行う静的なV_{MC}を決定するテストとよく似ている。このV_{MC}デモンストレーションを実施する場合、パイロットはこの課目を対地高度3,000フィート以上の高度までに終了できるように計画しなければならない。次に示す説明は、両方のプロペラが同じ方向に回転し、左エンジンが臨界発動機である飛行機を対象としている。

エンジン故障－方向維持不能の実証

　ランディング・ギアを上げ、フラップは離陸位置にして飛行機を V_{SSE} より10ノット大きい速度、又は V_{YSE} より10ノット大きい速度（どちらか大きい方の速度）に減速し、離陸姿勢にトリムを調整する。V_{MC} デモンストレーションの課目実施中、調整したトリムを操作してはならない。

　課目を開始する機首方位を決め、両プロペラ・コントロール・レバーを高速回転（High rpm）位置にする。左エンジンのスロットル・レバーはアイドル位置に絞り、右エンジンのスロットル・レバーを離陸出力位置に増加させる。

　スロットル・レバーを絞っている間、ランディング・ギアが下りていないことを警告するランディング・ギア・ウオーニング・フォーンはずっと鳴り続ける。鳴り続けているので、機体に失速警報フォーン及び失速警報灯が装備してあるなら、パイロットは十分に警報灯又は失速警報フォーンの作動に注意しておかなくてはならない。

　非対称推力によって発生する左ヨー（機首方向を左に向かせようとする力）と機体をローリングさせようとするモーメントは、右ラダーを踏み込んで補正する。そして5度のバンク角（この場合右バンク）を取る。

　課目開始時の機首方位を維持しながらピッチ姿勢をゆっくりと増加し、毎秒1ノットの割合（大きくしてはならない）で減速する。機体が減速するにつれ操縦系統の効きは悪化し、ヨー、つまり機首を振ろうとするので、さらにラダーを踏み込んで補正する。5度のバンク角を保つにはエルロンの操舵量も増加するはずである。そして機体の速度は右ラダーをフル位置まで踏み込み、右に5度バンク角を取っているにもかかわらず非対称推力に対抗できなくなる値に達し、制御不能の機首を左に振ろうとする動きも始まってしまう。

　パイロットは操縦不能なヨー運動とか失速に伴う兆候を感じたなら、ピッチ姿勢を低くするとともに、作動させているエンジンのスロットルをヨー運動が収まる位置まで絞ってやる。回復操作は高度の低下を最小限に保ち、課目を開始した機首方位に戻し、両エンジンの出力を増加させる前に速度を

第1章　双発機への移行

V_{SSE} 又は V_{YSE} にしておく。ウインドミルさせているエンジンの出力を増加させるだけで回復操作を行おうなどと試みてはならない。

これまでの説明を単純にしてくれる、いまだ説明されていない重要な項目がある。このデモンストレーションの課目を実施する際、ラダーを踏み込む力（ラダー・プレッシャー）はかなり大きい。型式承認を受ける場合、ラダーを踏み込む操作量ではなく、ラダーを踏み込む操作力は 150 ポンド以下であることと制限されている。多くの双発機は、ラダーを踏み込む力が 150 ポンドに達する前にラダーを踏み込む操作量が限界に達してしまう。にもかかわらずこの力で十分、と考えられているようである。

この課目を行う場合、高度の維持は実地試験の判定基準に含まれていない。課目は機体の性能ではなく、操縦性をデモンストレーションすることを目的としている。このデモンストレーションの課目を実施すると、多くの双発機の場合、高度は低下してしまう。この課目は、対地高度 3,000 フィート以上で終了できるよう、計画しておかなければならない。

最初に説明した通り、過給機の無い通常のエンジンを装備している飛行機の V_{MC} は、高度の上昇に伴い減少していく。しかし、失速速度（V_S）は変化しない。一部の飛行機を除き、どのような状態においても承認を受けている V_{MC} は V_S より大きくなっている。海面上高度においては、通常 V_{MC} と V_S の間に数ノットの差があるが、上昇するにつれこの差は少なくなり、そしてある高度に達すると V_{MC} と V_S は同じ速度になってしまう（図 1 − 21）。

特に左右エンジンの出力差が大きい飛行状態、つまり非対称推力が大きい状態で失速してしまうと、機体はスピンに陥る可能性が高い。この非対称推力によって発生するヨーイング・モーメントは、ある型式の単発機でスピン操作を開始する場合に、ラダーを一杯に踏み込んで発生させるヨーイング・モーメントとほとんど違いはない。この状態になると、双発機はラダーを踏

み込んでいる方向ではなく、アイドルにしているエンジンの方向へ、操縦不能の飛行状態に陥っていく。双発機の実地試験において、スピンからの回復操作の課目は無く、義務付けられてもいないうえ、双発機のスピンからの回復特性はかなり悪いと言える。

　V_{MC}又はこれよりも大きな速度でV_Sと遭遇してしまうと、突然操縦性は失われて、大きく機首は振れてしまうとともに機体もローリングし始め反転姿勢となろうとし、スピンに入ってしまう。

　従って、V_{MC}デモンストレーションの課目を行っている最中、失速警報灯、又はフォーンが作動するとか、機体やエレベーターに失速に伴う振動、つまりバフェットを感じた場合、又は急速に操縦性が失われる感覚を感じたなら、直ちに迎え角を下げながらスロットルを絞って課目を中止し、課目開始速度以上の速度に加速する。

　ヘッドフォーンを付けていると、失速警報フォーンは聞こえ難くなってしまう、ということを忘れてはならない。

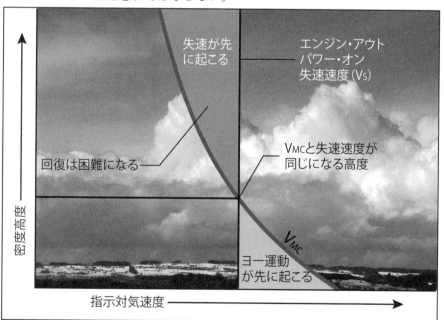

図1－21　V_{MC}とV_Sの関係を示すグラフ (Graph depicting relationship of V_{MC} to V_S)

第1章　双発機への移行

　V_{MC} デモンストレーションの課目は、方向を維持できなくなる初期の兆候を展示するだけである。先ほど説明した課目の実施手順に従って操作するのだが、機体を操縦不能の状態にしてはならない。どのような場合にも失速状態にしてはならない。非対称推力の状態で失速させてはならないし、V_{MC} デモンストレーションの課目実施中、片発動機の状態で失速させてはならない。V_{MC} デモンストレーションの課目を実施している間に、大きな非対称推力の状態で失速させてしまうと、機体は操縦性を失ってしまう。

　ある状態での密度高度、又は V_{MC} の値が V_S と等しいか小さい飛行機の場合、V_{MC} デモンストレーションの課目は実施できない可能性がある。このような場合に V_{MC} デモンストレーションの課目を訓練するには、ラダーをフルに踏み込める量を制限して行えば、安全に実施することができる。

　この、ラダーを踏み込む量を制限して行う訓練は、V_S より十分に多い速度（約20ノット以上）で実施しなければならない。ラダーの操舵量を制限して行う訓練は、大きな非対称出力で失速し、スピンに入る危険性を回避できるうえ、機首方位の維持が不能になる状態を認識するうえで、とても有効である。

　両エンジンを運転し、大きなピッチ姿勢にしている状態で一方のエンジン出力を減少させ、V_{MC} デモンストレーションの課目を開始してはならない。低速度で飛行している状態で片方のエンジンの出力を低下させてはならないという理由は、これまで説明し警告したことで十分である。低速度で模擬エンジン故障の課目を実施したため、飛行機を操縦不能の状態にしてしまい、不運にも多くのパイロットと飛行機が失われている。

　V_{SSE} は、あらゆる模擬エンジン故障の課目を実施する場合における最小の速度である。

1 - 23 双発機の訓練に関して（MULTIENGINE TRAINING CONSIDERATIONS）

　双発機の飛行訓練は、インストラクターとステューデントが次の事項を良く認識しているなら、安全に実施することが可能である。

・これから行おうとしている飛行訓練の目的、訓練する課目、ステューデントの行うべき操作及び到達基準に関するブリーフィングなしに訓練を実施してはいけない。

・模擬緊急操作の訓練を行う場合、どのようにして実施するのか、インストラクターはよく理解しているうえ、ステューデントは行うべき操作を十分に理解していること。

　緊急操作手順（Emergency Procedure）について、ステューデントに教え、緊急操作手順を訓練し、どの程度理解し操作できるかをテストすることはかなり敏感な部分を含んでいるということができる。双発機の操縦訓練を行っているステューデントに、緊急操作に関する訓練のブリーフィングをせずに、いきなり訓練をさせたとしたら、それは訓練にならず、驚き以外の何物でもなくなってしまうはずである。

　効果的な訓練を行うには、安全性を十分に考慮しなくてはならない。例えば、エンジン故障を想定した模擬訓練をいい加減な状態で実施してしまうと、実際に緊急状態に陥り、機体を失う結果となる可能性もある。訓練中にサーキット・ブレーカーを抜く課目を行った場合、安全性に注意しておかないとギアを上げたまま着陸してしまう可能性がある。緊急操作の訓練飛行中、失速からスピンに入ってしまった事故件数は、実際に緊急状態となり失速、そしてスピンに陥った事故件数よりもかなり多くなっている。

　すべての通常操作、アブノーマル時の操作及び緊急操作に必要な手順は、飛行機を地上に停止させ、エンジンも停止させている状態で実機を使って手

第1章　双発機への移行

順の解説を行い、実際に操作させるべきである。このようにすると、実際の飛行機をコクピット・プロシージャー・トレーナー（Cockpit Procedure Trainer：CPT）、グランド・トレーナー（Ground Trainer）又はシミュレーター（Simulator）と同じように使用することができる。この訓練方法によって得られる効果を低く評価してはならない。

　飛行訓練を開始するまでエンジンを始動させてはならない。地上で実機を使い、エンジンを始動させないままで行った訓練を終了したなら、実際に操作したスイッチ、バルブ、トリム、燃料セレクター、及びサーキット・ブレーカー等を注意深く、通常の位置に戻さなければならない。

　チェックリストを有効かつ効果的に使用しないパイロットは、双発機の飛行に関し、かなり不利な状態にあると言える。チェックリストの使用は、飛行機を安全に飛行させるうえで不可欠であり、チェックリストなしでの飛行を行ってはならない。航空機製造会社が作成した、飛行機の型式、製造年度に該当するチェックリスト、又は任意装備品用のチェックリスト（Aftermarket checklist）を使用しなければならない。
　チェックリストとAFM/POHに示されている操作手順に違いがあるなら、必ずAFM/POHに示されている操作手順通りに操作すること。

　直ちに操作しなければならない項目（離陸直後等、飛行の重要な部分でエンジンが故障したような場合）については、チェックリストを見なくても操作できるようにしておかなくてはならない。これらの項目を操作し終え、幾分余裕ができたなら、パイロットはチェックリストを見て自分の行った操作を確認する。

　離陸滑走中の模擬エンジン故障は、ミクスチャー・コントロールを操作して行うべきである。この離陸滑走中の模擬エンジン故障は、V_{MC}の50％以下の速度で実施する。ステューデントが急な操作で両方のスロットル・レバー

を絞らないようなら、インストラクターは正常側エンジンのミクスチャー・コントロール・レバーを絞らなくてはならない。

　FAAは対地高度3,000フィート以下で行うすべての模擬エンジン故障の訓練について、エンジンを停止させず、スロットルを静かに絞っただけで実施するよう勧告している。つまりエンジンは低出力で運転されているので、急に出力を増加させる必要が出た場合、直ちに出力を得ることが可能となる。
　急な操作でスロットルを絞らず静かに絞り、エンジンを破損する可能性のある不調な運転状態を避けなければならない。飛行中の模擬エンジン故障に関する訓練はすべて速度V_{SSE}、又はこれ以上の速度で実施しなければならない。

　エンジンにダイナミック・クランクシャフト・カウンターウェイト (Dynamic Crankshaft Counterweight) が装備されている場合、特にスロットルを静かに絞り、模擬エンジン故障の訓練を行わなくてはならない。マニフォールド・プレッシャーが低い状態にもかかわらずエンジンを高回転させているとか、オーバーブーストの状態でプロペラをフェザーさせたりすると、ダイナミック・カウンターウェイトを破損してしまう可能性がある。
　カウンターウェイトが激しく損傷しているとか、このようにカウンターウェイトを破損させる可能性のある荒い状態で繰り返し運転し続けると、エンジン本体を破損させる原因となってしまう。ダイナミック・カウンターウェイトは、高出力でより複雑な構造のエンジンに装備されている場合が多いので、インストラクターは訓練に使用する飛行機のエンジンにダイナミック・カウンターウェイトが装備されているかどうかを担当整備士、又はエンジン製造会社に確認し、理解しなければならない。

　インストラクターが模擬エンジン故障の課目を開始したなら、直ちにステューデントはチェックリストを見ずに行うべきメモリー・アイテムを実施

第1章　双発機への移行

し、プロペラ・コントロール・レバーを FEATHER 位置に操作できなければならない。模擬エンジン故障をゼロ・スラストの状態で実施するなら、インストラクターはプロペラ・コントロール・レバーを前方に操作し、ゼロ・スラスト状態の得られるマニュフォールド・プレッシャーと回転数にしなければならない。

　ステューデントはインストラクターの指示をよく理解していること、これが基本的に重要となる。この時インストラクターは次のように " 私は右エンジンを操作する、君は左エンジンを操作すること。私は右エンジンをゼロ・スラストにし、模擬プロペラ・フェザー状態にする（I have the right engine; you have the left. I have set zero thrust and the right engine is simulated feathered）" とステューデントに告げると効果がある。誰がどのシステム、又はコントロール装置を操作しているのかを、曖昧な状態にしてはならない。

　模擬エンジン故障を訓練している最中、インストラクターは模擬故障側エンジンの操作及び注意をし続けなければならないし、ステューデントは作動側エンジンの操作及び注意をし続けなければならない。

　プロペラをフェザーしたのと同じ状態を再現するゼロ・スラストにしたなら、カウル・フラップを閉じ、ミクスチャーを調整し、混合気を薄くしなければならない。

　時々、エンジン出力を変えてやる方法が望ましい。比較的長い時間ゼロ・スラストの得られる出力に調整し、エンジンを低い温度で運転し続けた後、エンジンをいきなり高出力にすることは可能な限り避けるべきである。

　インストラクターは双発機の訓練を行っているステューデントに、実際にエンジンが故障してしまった場合、時を失することなくプロペラをフェザーすることがいかに重要であるかを強調し、教えなくてはならない。

　双発機の操縦資格を得るため訓練を受けているステューデントは、エンジンが故障してもそのプロペラはウインドミルで回転し続けているので有効な

推力を発生していると誤解して、回転しているプロペラをフェザーし、停止させてしまう操作に、心理的にフェザーしないほうが良いのではないか、と感じがちになってしまう。

　従って、フライト・インストラクターは自分で実際にプロペラをフェザー（ゼロ・スラストでもよい）させ、プロペラをウインドミルさせた場合と性能的にどう違うのか、を繰り返しステューデントに見せ、教えなくてはならない。

　実際にプロペラをフェザーさせる操作は、操作中に異常が発生しても空港へ戻り、安全に着陸することができる高度で実施しなければならない。フェザリング及び再始動は、対地高度 3,000 フィート以上で終了できるよう、計画しなければならない。双発機の操縦訓練に使用される一般的な訓練用飛行機の場合、この課目を実施する高度が片発動機での上昇限度以上になる可能性があり、片発動機での水平飛行は不可能となる可能性がある。

　何度もフェザー、アンフェザー操作を繰り返すとエンジン及び機体構造に大きな負荷が加わるので、十分訓練に必要と思われる回数に止めておくこと。FAA の双発機限定変更に関する実地試験基準には、飛行中一方のプロペラをフェザー、アンフェザーする回数について、安全に実施可能な回数とすること、と示されている。

　この章では、双発機の一方のエンジンが故障した場合に発生する独特な飛行特性について多くのページにわたり説明したが、良く整備されている現代のレシプロ・エンジンの信頼性はかなり高くなっている。安全性に関して余裕の少ない低高度での模擬エンジン故障訓練（例えば離陸直後等）、V_{SSE} 以下の速度での模擬エンジン故障訓練は望ましくない。対地高度 200 フィート以下での模擬エンジン故障訓練は、安全性に関し、何の保証も存在しない。

第1章　双発機への移行

　高性能双発機の実機での訓練飛行にはある程度危険性が潜んでいるので、初めて操縦する場合（Initial）とか、定期的に行う慣熟訓練（Recurrent）は、考慮された訓練内容を持っているシミュレーター訓練校、又は航空機製造会社が設けている訓練コースで訓練を受けるほうが良いだろう。

　このような施設で訓練を受ける場合、良く考慮されたトレーニング・マニュアル、教室での授業とともに、システムをよく理解するための教材、映像/音声による教材、飛行訓練装置（Training Device）やシミュレーターが準備されている。様々な環境下、様々な状態における飛行機を想定した訓練を受けることが可能である。

　実機を使用して行う緊急操作の訓練には、ある程度の危険性が存在するし、課目によっては実施不可能な場合もあるが、飛行訓練装置又はシミュレーターなら安全に、しかも効果的に行うことができる。飛行機の型式によっては、飛行訓練装置及びシミュレーターを重複して使用する必要がある場合もあるし、必要のない場合もある。異なる型式の航空機用飛行訓練装置、及びどの飛行機にでも該当する飛行訓練装置を使用して訓練をしても、かなり効果的で効率の高い訓練結果が得られる。

　双発機の飛行訓練の多くは、4から6座席の飛行機を使用し、機体重量も最大重量よりかなり軽い状態にして行われている。低い密度高度における片発動機での性能は、一見悪そうに見えるがそうでもない。機体重量が重く、高度、気温も高い状態における片発動機時の飛行性能を経験し、理解しておくため、インストラクターは定期的に作動側エンジンの吸気圧力をある程度低くおさえ、訓練しておかなくてはならない。

　片発動機不作動の上昇限度を超えた高度での着陸訓練も、この方法で行うことができる。同乗者のいる飛行機で、しかも最大離陸重量の機体での緊急操作訓練は、実施すべきではない。

　飛行訓練にタッチ・アンド・ゴー方式で離着陸を行うことは、しばしば論

議のもととなっている。タッチ・アンド・ゴー方式で行う離陸中、飛行機の形態を変化させる、つまりギアを上げ、フラップを上げる操作に潜んでいる危険性を学ばせるには時間が短すぎ、毎回着陸後に機体を停止させる方式（Full Stop）の訓練では無駄が多い。双発機を初めて操縦するため、機体に慣れる目的での訓練にタッチ・アンド・ゴー方式で離着陸を行うことは勧められない。

　タッチ・アンド・ゴー方式で離着陸訓練を行う場合、毎回の飛行開始前、インストラクター、スチューデント共に責任を持ってブリーフィングを行わなくてはならない。接地後、スチューデントは機体の滑走方向を維持し、左手は操縦桿に、そして右手はスロットル・レバーに置いておかなくてはならない。この間、インストラクターはフラップとトリムを離陸位置に調整し、このように調整し終えたらスチューデントに伝える。
　双発機の場合、タッチ・アンド・ゴーに要する長さは、単発機で行う場合よりも長い距離を必要とする。双発機の訓練を開始したばかりの時点では、着陸後に機体を停止させ、再び離陸開始点へタクシーする方法が望ましい。双発機で単独飛行訓練を行う場合、タッチ・アンド・ゴーを行ってはならない。

第2章
ターボプロップ機への移行

Transition to Turbopropeller Powered Airplanes

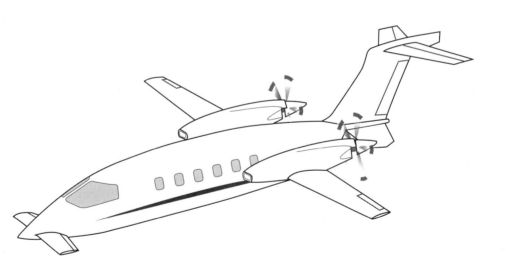

第 2 章　ターボプロップ機への移行

2 − 1　概要 (GENERAL)

　ターボプロップ機 (Turbopropeller Powered Airplanes) は他の同程度のサイズ及び重量の飛行機と同じように飛行させ、取り扱うことができる。ターボプロップ機とタービン・エンジンを装備していない飛行機の大きな違いはエンジン関係 (Powerplant) とシステムにある。

　エンジン関係はまったく異なっていて、ガス・タービン・エンジン (gas turbine engines) 特有の操作方法が必要である。

　このほか、電気系統、ハイドロリック系統そして防氷装置や雨滴除去装置、空調装置、操縦装置、アビオニクス等にも違いがみられる。

　ターボプロップ機 (Turbopropeller Powered Airplanes) は、通常ピストン・エンジンで飛行する飛行機には装備されていない、定速、フル・フェザリング及びリバースできるプロペラ (constant speed、full feathering and reversing propeller) を装備している利点がある。

2 − 2　ガス・タービン・エンジン (THE GAS TURBINE ENGINE)

　ピストン・エンジン (reciprocating engines)、及びガス・タービン・エンジンは、ともに内燃機関エンジン (internal combustion engines) である。どちらも空気を吸入し、これを圧縮、燃焼、膨張させ排気する類似した行程を持っている。

　ピストン・エンジンの場合、これらの行程ははっきりと分かれ、しかも各シリンダーで行われなければならない。

　ガス・タービン・エンジンの場合、これらの行程はピストン・エンジンと異なり、1 サイクルごとではなく連続して出力を発生する。さらに点火は始動時 (starting cycle) のみに行われ、これ以降は持続的に燃焼し続ける。

　基本的にガス・タービン・エンジンは空気吸入部分 (intake)、圧縮部分

概要

(compression)、燃焼部分 (combustion) 及び排気部分 (exhaust) を備えている (図 2 − 1)。

　エンジンを始動させるには、小型のエンジンの場合は電気式の始動装置で、大型のエンジンでは空気式の始動装置で、圧縮装置（コンプレッサー）を回転させる。コンプレッサーの回転数が増加するにつれ、空気吸入口から吸い込まれた空気は高圧に加圧され、燃焼部分 (燃焼室：combustion chambers) に送られる。

　燃料調整装置 (fuel controller) はスプレイ・ノズル (spray nozzles) からこの高圧空気中に燃料を噴霧し、点火栓 (igniter plugs) で燃料に点火する (高圧に圧縮された空気すべてが燃焼用として使用されるわけではない。多くの高圧空気は燃焼室をバイパスして、そのほかの各部周辺を流れ、エンジンの内部冷却を行っている)。

　燃焼室内の燃料と空気の混合気は連続して燃焼し続け 4,000°F ほどの高温を発生し、燃焼室内の空気全体を 1,600 〜 2,400°F に加熱する。

　燃焼し、高温かつ膨張したこの混合気は、タービン・ブレードに向かいター

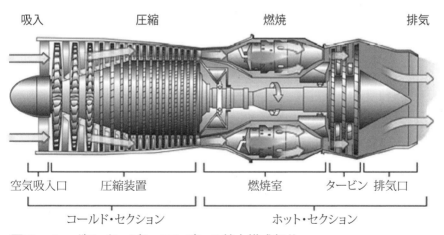

図 2 − 1　ガス・タービン・エンジンの基本構成部分
　　　　（Basic components of a gas turbine engine）

ビンを回転させ、直結されているシャフトでコンプレッサーを回転させる。タービン部分を回転させた高速の排気は、テイル・パイプ (Tail pipe)、又は排気口 (Exhaust section) から大気中に排出される。

　燃焼室からの高温ガスでタービン部分が駆動され始めたなら、始動装置（スターター）を解除し、点火装置であるイグナイターをオフにする。燃料の供給を断ち切ってエンジンを停止させるまで、連続して燃焼し続ける。

　ターボジェット・エンジンの場合、この高圧の排気はジェット推力 (Jet thrust) となる。ターボプロップ・エンジン (Turbopropeller engine) の場合、この排気はさらに別に設けてあるタービンに流れ、これを駆動し、減速ギアボックスを介してプロペラを回転させる。

2－3　ターボプロップ・エンジン (TURBOPROP ENGINES)

　ターボジェット・エンジンは高高度性能、最大速度面においてレシプロ・エンジンを上回っている。

　言い換えると、レシプロ・エンジンに比べターボジェット・エンジンは離陸性能及び初期の上昇性能にある程度制限を受けるという面を持っている。

　レシプロ・エンジンは離陸時及び初期上昇時、ターボジェット・エンジンより優れているといえるのかもしれない。

　ターボジェット・エンジンは高高度を高速で飛行する状態で最も優れた効率を発揮するが、プロペラはある程度低い速度 (400 マイル / 時以下) で最良の効率を得ることができる。

　そしてプロペラは離陸及び上昇性能をかなり良好にしている。

　ターボプロップ・エンジンの開発は、ターボジェット・エンジンとプロペラを駆動するレシプロ・エンジン両者の優れた面を兼ね備えさせる試みといえる。

　ターボプロップ・エンジンは他の形式のエンジンに比べ、次のような利点

を備えている：

・軽量である。
・比較的可動部分が少ないため、機械的に信頼性が高い。
・運転操作方法が単純である。
・振動が少ない。
・エンジン重量当たりの出力が大きい。
・離着陸にプロペラを使用できる。

　ターボプロップ・エンジンの効率は速度250〜400マイル/時、高度18,000〜30,000フィートの間で最良となる。離着陸時の低速度でも良好に運転できるうえ、燃料効率も良好である。ターボプロップ・エンジンの場合、最小の燃料消費量が得られる高度は25,000フィートから圏界面(Tropopause)までである。

　ピストン・エンジンの出力は、回転数と吸気圧力(Manifold pressure)で決まる馬力(Horsepower)で表される。
　ターボプロップ・エンジンの場合、出力は軸馬力(Shaft horse power：shp)で表示される。この軸馬力は、回転数とプロペラ・シャフトに加わるトルク(曲げモーメント)で決まる。
　ターボプロップ・エンジンはガス・タービン・エンジンなので、エンジンの排気によりある程度のジェット推力も得られる。この推力は軸馬力に加えられ、全エンジン出力(Total engine power)、又は相当軸馬力(Equivalent shaft horsepower：eshp)といわれる。通常このジェットによる推力は、全エンジン出力の10％に満たない。

　ほぼ同サイズ、そして同じ出力のターボジェット・エンジンに比べ、ターボプロップ・エンジンは構造が複雑でエンジン自体の重量も重いのだが、亜

第2章　ターボプロップ機への移行

音速より低い速度域ではより大きな推力を発生する。

　しかし、速度が増加するにつれ、この利点は減少してしまう。通常の巡航速度域において、出力／入力で表されるターボプロップ・エンジンの推進効率 (Propulsive efficiency) は、速度の増加につれ減少する。

　一般的に、ターボプロップ・エンジンに装備されるプロペラは、標準大気気象状態の海面上高度において、全推力のほぼ90％を発生する。飛行機が比較的低い対地速度及び飛行速度で移動している離陸及び離陸直後の上昇中、ターボプロップ・エンジンは装備しているプロペラで大量の空気を加速し、素晴らしい性能を発揮してくれる。

　この"ターボプロップ (Turboprop)"という用語を"ターボスーパーチャージャーを装備している (Turbosupercharged)"という意味の良く似た用語と混同してはならない。

　すべてのタービン・エンジンも、過給機を装備していないレシプロ・エンジン (Normally aspirated reciprocating engine: non-supercharged reciprocating engine) と同様に、その最大出力は高度が上昇するにつれ、低下していく。

　飛行機が上昇し高度が増加するに従い、エンジン出力も減少するのだが、燃料消費率 (Specific fuel consumption:1時間あたり、1馬力発生させるために消費される、ポンドで示す燃料の量をいう) で示されるエンジンの効率は向上する。燃料消費率が低下することに加え、高度増加により真対気速度 (True airspeed) も大きくなるので、ターボプロップ・エンジンには大きな利点となる。

　ターボプロップ又はターボジェットを問わず、すべてのタービン・エンジンには温度限界、回転速度の限界値、及びターボプロップの場合最大トルクといった運転限界値が設けられている。

　出力を設定する数値には、エンジンの装備状態によっても異なるのだが、

排気温度、トルク、燃料流量 (Fuel flow) 及び回転数がある (この他、プロペラ回転数、ガス・ジェネレーター：Gas generator、つまりコンプレッサー回転数、両方の場合もある)。

　寒冷時においては、排気温度の限界値がまだ制限範囲内にあるにもかかわらず、トルクの限界値が先に達してしまう可能性がある。猛暑時においては、トルクの限界値に達していないにもかかわらず、排気温度が限界値に達してしまう可能性もある。

　あらゆる気象状態においても、タービン・エンジンの最大出力はスロットルを後方位置から最大位置の範囲内に調整し、得ることができる。

　ターボプロップ機に移行するパイロットは、タービン・エンジンの限界値をどのようにして知るか、これをよく理解し、知識として持たなくてはならない。ほんの数秒間、排気温度の限界を超過させてしまったり (Overtemp)、トルクの制限値を超してしまう (Overtorque) と、エンジン内部の構造を破壊してしまう可能性がある。

2－4　ターボプロップ・エンジンの形式 (TURBOPROP ENGINE TYPES)

2－4－1　フィックスド・シャフト・タービン・エンジン (FIXED SHAFT TURBINE ENGINE)

　形式の1つとして、図2－2に示すギャレット社製TPE331フィックスド・シャフト定速ターボプロップ・エンジンがある。

　この形式のエンジンの場合、外気は空気吸入口から圧縮器 (Compressor Section) へと流れる。2段になっている圧縮装置で加速／拡散 (Acceleration/Diffusion) され、高圧になった空気は後方の燃焼装置へ流れる。

　燃焼装置は燃焼ガスを後方へ流すトランジション・ライナー (Transition Liner)、及び高温高圧の燃焼ガスをタービンに流すタービン・プレナム (Turbine Plenum) で構成されている。そして燃焼室に入った高圧の空気には燃料が噴霧 (Atomized) される。多くの高圧空気は燃焼室の外部を覆うように流れ、燃焼室の冷却 (Cooling) 及び外部への熱の伝導（Insulation）を防い

第2章 ターボプロップ機への移行

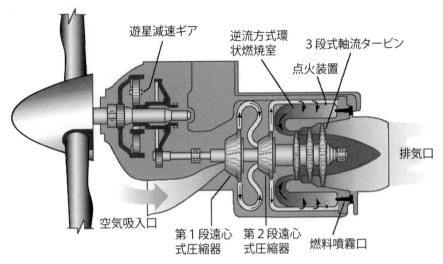

図2−2　フィックスド・シャフト・ターボプロップ・エンジン
（Fixed shaft turboprop engine）

でいる。

　噴霧された燃料と空気の混合気は、高電圧の点火栓プラグ (High-energy igniter plugs) の火花で点火され、膨張した燃焼ガスはタービンへと流れる。高温、高速の燃焼ガスはタービン・ローターでトルクに変化し、メイン・シャフトへ伝わる。
　減速歯車 (Reduction Gear) はメイン・シャフトの高回転−低トルク (High rpm − Low torque) を低回転−高トルク (Low rpm − High torque) に変え、補機類 (Accessories) 及びプロペラを駆動する。
　タービンで使用された燃焼ガスは排気パイプから大気中に放出される。

　エンジン内に取り込まれ、燃焼に使用される空気は10％ほどに過ぎない。圧縮された空気の20％ほどはキャビンの与圧 (Pressurization)、暖房 (Heating)、冷房 (Cooling) 及び空気圧で作動する装置 (Pneumatic System) に

使用される。

　エンジン出力の半分以上はコンプレッサーを駆動するために消費されるため、故障したプロペラがウインドミルで回転している状態においては非常に大きな抗力を発生する。

　フィックスド・シャフト定速ターボプロップ・エンジンの場合、エンジン回転数は96％から100％の狭い範囲内で変化する。
　地上においては70％程度の回転数で運転することも可能である。
　飛行中、エンジンはプロペラの速度調整機構 (Governing section) により、一定速度で運転される。
　出力の増減は燃料流量の増減、及びエンジン回転数の変更ではなくプロペラ・ブレードの角度変更で行われる。
　燃料流量が増加すると燃焼温度は上昇し、タービンに吸収されるエネルギーも大きくなる。タービンはより大きなエネルギーを吸収し、これをトルクとしてプロペラへ伝える。
　この大きくなったトルクはプロペラ・ブレードの角度を増加させ、一定の回転数を維持しようとする。
　パワーを発生するうえで、タービン温度は非常に重要な要素となる。つまり、燃料流量はパワーを発生する温度と直接関連しているためである。燃焼室及びタービンを構成している金属に耐えうる耐熱強度及び時間的な制限があるため、この燃焼温度にも限界値を設けなければならない。
　燃料流量調整装置は燃焼室部分及びタービン部分の温度が制限値を超さないよう、燃料流量を調整している。
　エンジンは100％の状態で運転されるように設計されている。したがってコンプレッサー及びタービンといったエンジンを構成する各部も、この100％近くの運転状態で、最も効率が良くなるように設計されている。
　パワープラント (エンジン及びプロペラをこう呼ぶ) の調整は、各エンジンのパワー・レバー (Power Lever) とコンディション・レバー (Condition

第2章 ターボプロップ機への移行

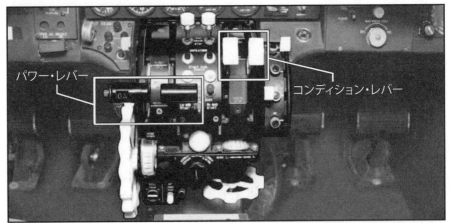

図2-3　パワープラントのコントロール装置－フィックスド・シャフト・ターボプロップ・エンジン
（Powerplant controls－fixed shaft turboprop engine）

Lever)で行う(図2-3)。ピストン・エンジンを装備する飛行機に付いているミクスチャー調整装置/回転数調整装置のレバーは付いていない。

　フィックスド・シャフト定速ターボプロップ・エンジンの場合、パワー・レバーを前後に操作し、前方に作用する推力（スラスト）を調整する。

　パワー・レバーは推力を後方に作用させるリバース・スラスト(Reverse thrust)にも使用される。

　コンディション・レバーは、地上運転及び飛行中のエンジン回転数を狭い範囲内で調整する。

　フィックスド・シャフト定速ターボプロップ・エンジンのパワープラント用計器は、次に示す計器で構成されている(図2-4)。

・トルク計又は馬力指示計 (Torque or horsepower)
・タービン間温度計 (ITT-interturbine temperature)
・燃料流量計 (Fuel flow)
・回転計 (RPM)

ターボプロップ・エンジンの形式

　タービン部分で発生したトルクはトルク・センサーが感知している。そしてこのトルクはコクピットの出力計に、最大出力が100％になるように較正され、表示される。

　タービン間温度(ITT：Interturbine temperature)とは、タービン部分の第1段(First stage)と第2段(Second stage)タービン間を流れる燃焼ガスの温度を計測した値である。計器は摂氏(Celsius)に較正した温度を表示する。

　プロペラ回転数はコクピット内にある回転計に、最大回転数が100％になるよう較正され、表示される。計器内に、1％単位まで読み取れる小さな円形の計器(Vernier indicator)が組み込まれているものが多い。

　燃料流量計は1時間当たりどの程度の燃料を流しているか、その率をポンドで表示する。

　フィックスド・シャフト定速ターボプロップ・エンジンの場合、プロペラのフェザー操作はコンディション・レバーで行う。

　この形式のエンジンが故障した場合、正常時と異なりコンプレッサーはプロペラで回転させられるため、かなり大きな抗力となってしまう。従って双発機の場合、どちら側のエンジンが故障したのかを素早く判定し、素早くプロペラをフェザーしないと操縦はかなり困難になってしまうはずである。

図2-4　パワープラントに関連する計器－フィックスド・シャフト・ターボプロップ・エンジン
(Powerplant instrumentation－fixed shaft turboprop engine)

第2章　ターボプロップ機への移行

　このような状態が存在するため、フィックスド・シャフト定速ターボプロップ・エンジンにはネガティブ・トルク・センシング (Negative torque sensing：NTS) 装置が装備されている。

　ネガティブ・トルク・センシングとは、プロペラのトルクがエンジンを駆動する状態を感知し、しかも抗力を低下させるためプロペラのピッチを自動的にハイ・ピッチ (High pitch) にする状態をいう。
　ネガティブ・トルク・センシング装置は、エンジンが故障しプロペラがウインドミルで回転している場合、プロペラの発生する大きな抗力が機体に加わることを防ぐ働きをする。
　飛行中、突然エンジンが故障した場合、NTS装置は故障したエンジン側のプロペラ・ブレードを自動的にフェザー位置へ変えてくれる。NTS装置は、突然エンジンが故障してしまった場合に作動する、緊急時の補助装置である。コンディション・レバーで作動させるフェザリング装置の代用として作動させるものではない。

2－4－2　スプリット・シャフト/フリー・タービン・エンジン (SPLIT SHAFT/FREE TURBINE ENGINE)

　プラット・アンド・ホイットニー社製 PT-6 エンジン (Pratt & Whitney PT-6 Engine) のようなフリー・パワー-タービン・エンジン (Free power-turbine engine) の場合、プロペラは分離されているタービンから減速歯車を経由し、駆動される。
　プロペラは、エンジンの基本部分を構成するタービン及び圧縮機に結合されているシャフトには接続されていない (図2－5)。
　フィックスド・シャフト・エンジンとは異なり、スプリット・シャフト・エンジンのプロペラは、基本的にエンジンを運転している状態で、地上あるいは飛行中においてフェザーすることが可能である。
　フリー・パワー-タービンの設計は、エンジンの回転数に関係なくプロペ

ターボプロップ・エンジンの形式

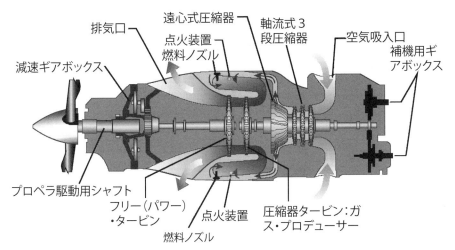

図2−5　スプリット・シャフト/フリー・タービン・エンジン（Split shaft/free turbine engine）

ラ回転数を所望の数値に調整することを可能にしている。

　一般的に、フリー・パワー - タービン・エンジンは分離され、互いに逆回転する２つのタービンを備えている。一方のタービンは圧縮器、つまりコンプレッサーを駆動し、もう一方のタービンは減速ギアボックスを介し、プロペラを駆動する。

　通常、圧縮装置は３段の軸流式コンプレッサーと１つの遠心式コンプレッサーで構成されている。この遠心式及び軸流式コンプレッサーは同じ軸に組み込まれていて、これらすべてで１つの装置として作動する。

　空気はエンジン後部の空気吸入口から入り、円筒形のプレナム（Plenum）を通過し、前方に流れ圧縮装置へ向かう。

　軸流式コンプレッサー部分を出た空気は燃焼室に流れる前、遠心式コンプレッサーの外側にある円形の拡散装置（Radial Diffuser）に入り、空気の流れは逆方向になる。

　燃焼によって発生したガスは再度方向を逆に変え、前方に流れ、膨張しな

第 2 章　ターボプロップ機への移行

がら各タービンを通過する。

　タービンを通過した燃焼ガスは曲がった円筒形の排気構造 (Peripheral Exhaust Scroll) に入り、エンジン前方の排気口から大気中に放出される。

　空気圧で作動される燃料調整装置 (Pneumatic Fuel Control System) は、調整したガス・ジェネレーター・パワー・レバー (Gas Generator Power Lever) の位置に見合う燃料流量をエンジンに供給する。

　ベータ・レンジ (Beta Range) の範囲内での運転を除き、ガバナーの作動によって調整される範囲内 (Governing Range) においては、プロペラ・コントロール・レバーの位置を調整し、プロペラ・ガバナーを作動させてもプロペラ回転数は一定に保たれる。

　エンジン後部にある補機駆動部分は燃料ポンプ、燃料調整装置、オイル・ポンプ、スターター/ジェネレーター及び回転計のトランスミッター (Tachometer Transmitter) を駆動する。ここでエンジンの圧縮装置側 (N_1) の回転数、約毎分 37,500 回転が計測される。

　パワープラント (エンジン及びプロペラをいう) の運転状態は各エンジンに 3 つある調整装置、パワー・レバー (Power lever)、プロペラ・レバー (Propeller lever) 及びコンディション・レバー (Condition lever) で行う (図 2 − 6)。

　パワー・レバーは、アイドル状態から離陸出力の範囲内にエンジン出力を調整する。パワー・レバーを前後に操作するとガス・ジェネレーターの回転数 (N_1) は増減し、エンジン出力も増減する。

　プロペラ・レバーは、ごく通常なものと同じように操作するレバーで、プライマリー・ガバナー (Primary governor) を介し、定速回転式プロペラ (Constant-speed propellers) を調整する。通常のプロペラ回転数範囲は、1,500 〜 1,900 回転である。

　コンディション・レバーはエンジンの燃料流量を調整する。ピストン・

ターボプロップ・エンジンの形式

エンジン装備の飛行機に装備されているミクスチャー・レバーと同じく、このレバーもパワー調整装置のある円形アーチ状のクォードラント(Quadrant)の一番右側に装備されている。

しかし、ターボプロップ・エンジンに装備されるコンディション・レバーは、燃料をエンジンに供給するOn/Offバルブである、と言える。地上での運転に備え、ハイ・アイドル(HIGH IDLE)及びロウ・アイドル(LOW IDLE)位置が設けてあるが、コンディション・

図2－6　パワープラントの調整装置－スプリット・シャフト/フリー・タービン・エンジン
(Powerplant controls－split shaft/free turbine engine)

レバーは燃料流量を調整する機能を持っていない。

タービン・エンジンの場合、燃料と空気の割合を調整し混合気の濃度を調整する必要はなく、この機能を持つ燃料調整ユニット(Fuel control unit)が自動的に行っている。

スプリット・シャフト/フリー・タービン・エンジンのエンジン計器は、基本的に次のような計器で構成されている(図2－7)。

- インターステージ・タービン温度計：ITT(Interstage Turbine Temperature) indicator
- トルクメーター(Torquemeter)

第2章　ターボプロップ機への移行

図2−7　エンジン計器−スプリット・シャフト/フリー・タービン・エンジン（Engine instruments−split shaft/free turbine engine）

・プロペラ回転計 (Propeller tachometer)
・N_1（ガス・ジェネレーター）回転計：N_1 (Gas generator tachometer)
・燃料流量計 (Fuel flow indicator)
・オイル温度/圧力計 (Oil temperature/pressure indicator)

ITT計は、コンプレッサー・タービンとパワー・タービン間を流れる、その時その時の燃焼ガスの温度を指示する。

トルクメーターはパワー・レバーの動きと同調し、プロペラに伝えられるトルクをフィート-ポンド (ft/lb) の単位で表示する。

フリー・タービン・エンジンなので、プロペラはガス・タービン・エンジンのシャフトに結合されていないため、プロペラ用とガス・ジェネレーター用の2つの回転計が必要になる。

プロペラ回転計は毎分のプロペラ回転数を直接指示する。

ガス・ジェネレーター（N_1）は回転数を％に換算し、指示する。プラット・アンド・ホイットニー PT-6 エンジンの場合、100％は 37,000 回転/分 (rpm) になる。ガス・ジェネレーターの連続最大回転数は 38,100rpm で、101.5％になる。

ITT 計及びトルクメーターは離陸出力を調整する場合に使用される。上昇及び巡航出力は、ITT の限界に注意しながらトルクメーターとプロペラ回転計で調整する。

これらの計器類に注意し、その指示を理解し、エンジンの状態及びその時点でのエンジン性能を理解する。

2－5　リバース・スラストとベータ・レンジでの運　転 (REVERSE THRUST AND BETA RANGE OPERATIONS)

プロペラが発生する推力はブレードの迎え角、及びその時の空気の速度によって変化する。この迎え角は、プロペラのピッチ角によって変化する。

"フラット・ピッチ (Flat pitch)" とは、ブレードが回転しても抗力が最小になる状態をいい、飛行機を飛行させるために必要な推力は発生しない。ピッチが前方 (Forward pitch) になれば前方に作用する推力が発生する－飛行機が高速で飛行するには、より大きなピッチ角が必要になる。

"フェザー位置 (Feathered position)" とは、ピッチ角が最も大きくなる位置をいう (図2－8)。フェザー位置では、前方に作用する推力は発生しない。

一般的に、飛行中にエンジンが故障して、プロペラがタービンのように回転し抗力を発生してしまう状態を防ぎ、抗力を最小限にするため、この位置にする。

第2章　ターボプロップ機への移行

"リバース・ピッチ位置 (Reverse pitch position)" とは、エンジン/プロペラが正常の状態(前方に作用するように)と同じ方向に回転しているにもかかわらず、プロペラ・ブレードの角度がフラット・ピッチよりも逆の方向になっている状態をいう(図2－8)。

リバース・ピッチにすると、空気は後方ではなく、前方に押し流される。リバース・ピッチにすると、飛行機を前方に進めようとする推力が逆方向に作用し、ブレーキ効果に変化する。

タクシー中、障害物を回避するため機体を後方に移動させるとか、タクシー速度の調整、着陸滑走している飛行機をなるべく早く停止させる場合にこの位置を使用する。リバース・ピッチとは、エンジンを逆方向に回転させることではない。

プロペラ・ブレードの角度をフラット・ピッチより

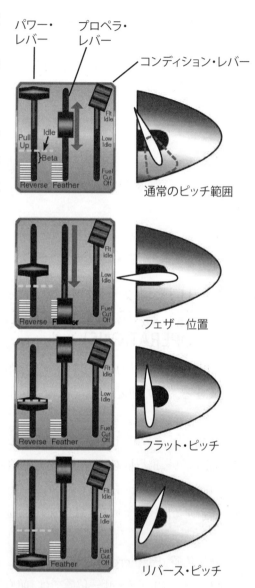

図2－8　プロペラ・ピッチ角による特徴
(Propeller pitch angle characteristics)

大きくするとか小さくしてリバース・ピッチにしても、エンジンの発生する出力は変化しない。

　ターボプロップ・エンジンを装備する飛行機の場合、離陸に必要な十分な出力を得るため、パワー・レバーをフライト・アイドル (Flight idle)(エンジン製造会社によっては"ハイ・アイドル：High idle"と名付けている場合もある)から最大位置の間にしておく。
　パワー・レバーは燃料コントロール・ユニット (Fuel control unit) にレバーで操作した量に見合う量の燃料を送るよう、信号を伝える。
　プロペラ・ガバナーは、プロペラ / エンジンの回転数を維持するために必要なプロペラのピッチに調整する。この状態をプロペラが調整されている状態 (Propeller governing)、又はアルファ・モード (Alpha mode) で運転されている状態という。
　フライト・アイドルよりも低い位置にすると、パワー・レバーがプロペラのブレードの角度を調整するようになる。この状態を"ベータ (Beta)"レンジでの運転という。

　ベータ・レンジでの運転時、パワー・レバーの操作範囲はフライト・アイドルから最大リバース (Maximum reverse) 位置までとなる。

　パワー・レバーをフライト・アイドルより低い位置に操作するに従い、プロペラ・ブレードのピッチ角はよりフラットになり続け、さらに低い方向へ操作し続けるとフラットになる最大位置を超え逆のピッチとなり、推力が逆方向に作用するリバース・スラストを発生するようになる。
　フィックスド・シャフト / 定速ターボプロップ・エンジン (Fixed shaft/ constant speed turboprop engine) の場合、プロペラのブレード角がフラット以下の逆の角度になっても、エンジン回転数はほとんど変化しない。
　スプリット・シャフト方式 PT-6 エンジンの場合、ブレードの角度を少な

くし、フラットからさらに5度少ない角度を通過し、さらに低い角度の位置に操作するとエンジン回転数(N_1回転数)は増加し始め、ブレードの角度がフラットより11度少ない最大値になると、N_1も85％に達する。

ベータ・レンジでのエンジン運転方法／リバース・スラストの操作方法は、飛行機の型式によって異なっており、守るべき特定のエンジン・パラメーター及び制限事項も設けられている。

従って、ターボプロップ・エンジンを装備する飛行機に移行しようとするパイロットは、これら独特の制限事項をよく理解し、記憶しておかなくてはならない。

2－6 ターボプロップ機の電気系統 (TURBOPROP AIRPLANE ELECTRICAL SYSTEMS)

通常、ターボプロップ機の電気系統は、各エンジンに取り付けられているスターター／ジェネレーター (Starter/Generator) 及びバッテリーから電力が供給される、28ボルト直流系統で構成されている。

バッテリーには、ピストン・エンジンを装備する飛行機によく使用される鉛と硫酸を使用する鉛バッテリー、又はニッケル-カドミウム (Nickel-Cadmium：NiCad) バッテリーが用いられている。

ニッケル-カドミウム・バッテリー、いわゆるニッカド・バッテリーは鉛バッテリーに比べ、より長時間高電力を供給し続けられるという特徴がある。しかしニッカド・バッテリーは放電しきってしまうと、その供給可能な電圧は急速に低下してしまうという面も持っている。

エンジン始動中、このような電圧の低下が発生するとコンプレッサーを回転させる能力は低下して、ホット・スタート (Hot start) になり、エンジンを破損させる可能性が高くなってしまう。従って、エンジンを始動する前には、毎回バッテリーの状態を点検することが重要である。

鉛バッテリーに比べ、高性能なニッカド・バッテリーは急速充電が可能で

ある、という利点も備えている。

　ニッカド・バッテリーは、より短時間のうちに充電可能であるという利点の反面、より高温になってしまうという面も持っている。したがって、ニッカド・バッテリーを装備する飛行機には、これ以上バッテリーが高温になると危険であることを示すバッテリー・オーバーヒート・アナウンシエーター灯 (Battery overheat annunciator lights) が装備されており、この温度に達すると点灯するようになっている。

　ターボプロップ機にはスターター・モーターとしても機能する"スターター / ジェネレーター (Starter/Generator)"といわれる DC ジェネレーターが装備されている。このスターター / ジェネレーターは、電力を機械的なトルクに変更してエンジンを始動させ、始動し終えエンジンが回転し始めると電力を発生する。

　発生した DC 電力は 28V400 サイクルの交流電力 (Alternating Current：AC) に変更され、アビオニクス、照明装置、計器の同調機能に使用される。この DC から AC への変更は、インバーター (Inverter) という電気部品が行っている。

　DC 及び AC 電力の供給はパワー・ディストリビューション・バス (Power Distribution Buses) が行っている。多くの電気回路がこのバスから電力を供給されるので、母線 (Bus) と名付けられている (図 2 − 9)。

　このバスは電力を供給する系統 (たとえばアビオニクス・バス) 別、又は電力供給を受ける系統 (右ジェネレーター・バスとかバッテリー・バス) というような名前が付けられている。

　DC 及び AC 電力は、通常時、そして緊急時にかかわらずその重要度の高い機能別になっているグループに、優先的に供給される。

　メイン・バスは、飛行機が装備する多くの電気装置に電力を供給する。エッ

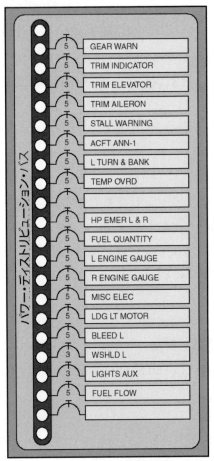

図2−9 一般的なパワー・ディストリビューション・バス（Typical individual power distribution bus）

センシャル・バス(Essential buses)は、最も重要性の高い装備品に電力を供給する(図2−10)。

通常、ターボプロップ双発機には、バッテリー、及び少なくともエンジン1基につき1台のジェネレーターと、数種類の電源が装備されている。

通常、電気系統はどの電源からでも、そしてどのバスからでも電力の供給が受けられるように設計されている。たとえば、通常、右と左のジェネレーター・バスには、それぞれ左右エンジンのジェネレーターが電力を供給している、といった一般的なシステムであるとする。

これらのバスは、正常時は開いているスイッチで独立しているものの、結合することは可能になっている。

左右どちらか一方のジェネレーターが故障した場合、故障したジェネレーター側のバスの電力は失われてしまうが、バス・タイ・スイッチ(Bus tie switch)が作動して電力供給が可能になる状態になる。このスイッチが閉位置になると、どちらか正常に作動しているジェネレーターから両方のバスに電力が供給される。

ターボプロップ機の電気系統

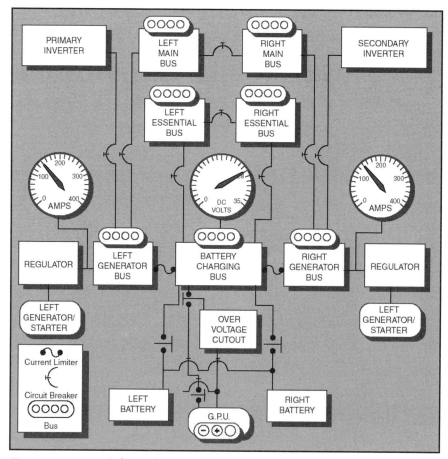

図2−10　ターボプロップ機の電気系統を単純化して示す
（Simplified schematic of turboprop airplane electrical system）

電力を供給するパワー・ディストリビューション・バス(Power distribution buses)は、回路のショートとかその他の故障からカレント・リミッター(Current limiter)という、ある種のヒューズ(Fuse)で保護されている。

いずれかの電源から過大な電力が供給されてしまった場合、これを感知したカレント・リミッターは開き、系統からその電源に付随するバスを分離し、その電源を遮断する。この他のバスは正常に作動し続ける。

個々の電気装備品はサーキット・ブレーカーを介し、バスに結合されてい

る。過大な電流が電気装備品に流れようとすると、このサーキット・ブレーカー (Circuit breakers) は開き、保護してくれる装置である。

2−7　ターボプロップ機の飛行 (OPERATIONAL CONSIDERATIONS)

　前にも説明したように、ターボプロップ機はほぼ同じ大きさで同じ重量のピストン・エンジンを装備する飛行機と同じように操縦できる。

　どちらも同じ働きをするのだが、ターボプロップ機とピストン・エンジン機ではエンジンの操作及び飛行機のシステムに関する操作方法が異なっている。パイロットのエンジン／各機体系統に関する誤操作は、大きな機体損傷及び事故の大きな原因となっている。

　あらゆるガス・タービン・エンジンに関して言えることだが、パイロットが最もミスをしやすい時とは、エンジン始動時であるといえる。

　タービン・エンジンはかなり熱に敏感である。大きな損傷を受けず、限界値以上の高温に耐えうる時間はほんの数秒間にすぎない。ほかの運転状態に比べ、始動時、エンジン内の温度はより高温になる。

　従って、タービン・エンジンには始動時、燃焼室に燃料を送り込む場合に備え、最小の回転数が規定されている。

　エンジンが安定した速度で回転し始めるまで、パイロットは温度と加速状態について、最大限の注意を払わなくてはならない。

　エンジン始動の成否は、始動前のバッテリー電圧が最小限度より十分大きな容量を持っていること、地上電源装置であるグランド・パワー・ユニット (Ground power unit : GPU) を使用して始動するなら、十分な電力を供給できる能力を備えていることにかかっているので、これを確認しなければならない。

　エンジン始動中、ある回転に達し燃料を燃焼室に供給し始めると"点火 (Light-off)"し、燃焼に伴い短時間のうちに温度が上昇する。エンジン運転が安定するとともに、エンジン温度が通常の運転範囲内に安定するまでの2か

ら3秒ほど前、エンジン温度は最大値に近づく可能性がある。

　従ってエンジン始動に伴うこの時点、パイロットは温度が限界値を超過する可能性はないか、温度上昇の傾向を見極め、超過しそうな場合はただちに燃料を遮断できるように注意していなければならない。

　エンジン始動時、温度が最大制限値を超過してしまう状態を"ホット・スタート (Hot start)" という。
　エンジン始動中、燃焼室内に燃料を噴霧し始めた途端、温度は通常時よりも急激に上昇する可能性がある。
　ホット・スタートさせてしまうと、重大なエンジン破損を発生させる可能性がある。

　エンジン始動時、通常よりもエンジンの加速が遅い状態を"ハング・スタート (Hung start)、又はスタート失敗 (False start)" という。
　エンジン始動時、ハング・スタート／又はスタート失敗をしてしまうと、エンジンは低回転を維持し、スターターの補助なしで自力運転できる高回転に達することができなくなってしまう。
　この状態はバッテリーの電力が不足している場合とか、始動時何らかの原因でスターターがエンジンを十分な回転数に加速できない場合に発生する。

　離陸時、むやみにターボプロップ機のパワー・レバーを最前方位置まで操作してはならない。
　その時の状態によって異なるが、離陸出力はトルク、又はエンジン温度で制限される場合がある。通常、離陸時パワー・レバーの位置は最前方位置に達せず、幾分手前になるはずである。

　ターボプロップ機 (特に双発で客室を備えている機体の場合：Twin-engine cabin-class airplane) の離陸及び上昇は、各飛行機毎に設けられてい

第2章　ターボプロップ機への移行

る標準的な離陸及び上昇方式に従って行うべきである (図2－11)。航空機製造会社が定め、FAAの承認を受けているエアークラフト・フライト・マニュアル／パイロット・オペレーティング・ハンドブック (AFM/POH) に記載されている方式に従うべきである。複雑になればなるほど、ターボプロップ機を安全かつ効率よく飛行させるには、定められた方式 (Standardization of procedures) 通りに飛行させるべきである。

　ターボプロップ機に移行するための訓練を行っているパイロットは毎回離陸する前に、離陸及び上昇についてイメージとして浮かび上がらせ、復習しなければならない。

　高出力で飛行している場合、一定出力であっても高度が上昇するにつれ、エンジン温度も上昇することをパイロットは予想しなくてはならない。
　暖かい日、又は高温の日、低高度でも温度限界に達する可能性があり、高度の上昇につれ高出力を維持できなくなる場合もある。そしてエンジンの圧縮器部分（コンプレッサー）も空気密度が低下するため、より効果的に作動しなければならなくなる。
　密度高度が高くなるため出力を発生する能力も低下し、エンジン温度を限界以下に保つには出力を低く調整しなければならない。

　ターボプロップ機の場合、パイロットはエンジンが急速に冷却してしまう状態を考慮することなく、スロットルを絞ることができる。このように操作するとプロペラを低ピッチにし、かなり深い降下角度で降下することが可能となる。
　離陸及び上昇と同様、空港への進入及び着陸も、図で示すターボプロップ機の進入及び着陸の一例と同じように行うべきである (図2－12)。

　スタビライズド・アプローチ (Stabilized approach)、つまり安定した進入を行うことは、進入及び着陸をする過程において重要な要素となる。飛行機

ターボプロップ機の飛行

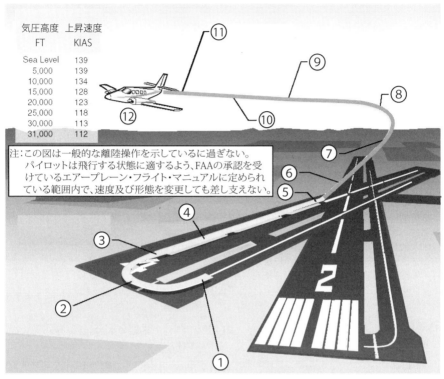

気圧高度 FT	上昇速度 KIAS
Sea Level	139
5,000	139
10,000	134
15,000	128
20,000	123
25,000	118
30,000	113
31,000	112

注：この図は一般的な離陸操作を示しているに過ぎない。パイロットは飛行する状態に適するよう、FAAの承認を受けているエアープレーン・フライト・マニュアルに定められている範囲内で、速度及び形態を変更しても差し支えない。

① 離陸前の点検－完了させる
② 滑走路へ進入したら行う点検－完了させる
　ヘディング・バグ－滑走路方位に合わせる
　コマンド・バー－機首上げ姿勢10度にする
③ パワー－セットする
　850ITT/650HP
　Max:923ITT/717.5HP
④ アナウンシエーター－チェックする
　エンジン計器－チェックする
⑤ 96～100KIASで機首上げ操作を開始する
⑥ ギアを上げる
⑦ 点火装置－オフにする
⑧ 離陸後のチェックリストに従い、点検し終えたらヨー・ダンパーをオンにする
⑨ 上昇出力にセットする
　850ITT/650HP
　98～99％RPM
⑩ プロペラ・シンクロフェイザー－オンにする
⑪ 上昇速度－セットする
　上昇中の点検－完了する
⑫ 巡航時の点検－完了する

図2－11　ターボプロップ機の離陸及び上昇の一例を図で示す
　　　　（Example－typical turboprop airplane takeoff and departure profile）

第2章 ターボプロップ機への移行

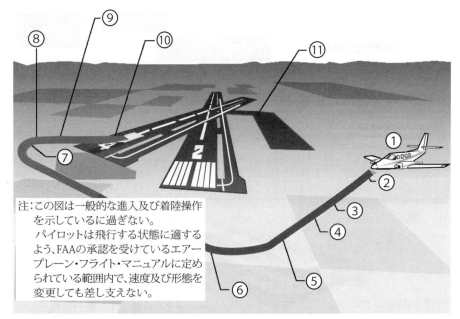

注：この図は一般的な進入及び着陸操作を示しているに過ぎない。
パイロットは飛行する状態に適するよう、FAAの承認を受けているエアープレーン・フライト・マニュアルに定められている範囲内で、速度及び形態を変更しても差し支えない。

① 巡航高度から降下を開始する
   降下／アプローチ・チェックリストに従い、点検を行う
② 出力250HP、通常の飛行形態で速度160KIASに調整する
③ 着陸前のチェックリストに従い、点検を行う
④ ダウン・ウインドの中央部で
   速度140～160KIAS
   250HP
   ギアー下げ
   フラップー1/2下げる
⑤ 速度130～140KIASに減速する
⑥ ベース・レグで再度着陸前のチェックリストに従い、点検を行う
   速度120～130KIASに減速する
⑦ ファイナルで速度120KIAS、必要に応じフラップを下げる
⑧ ショート・ファイナルで速度110KIAS、ギアが下りているか、再度確認する
⑨ スレッシュホールドを
   96～100KIASで通過する
⑩ 着陸したならコンディション・レバーを最前方位置にする
   パワー・レバー―ベータ／リバース位置にする
⑪ 着陸後のチェックリストに従い、点検を行う

図2-12　ターボプロップ機の進入及び着陸の一例を図で示す
（Example－typical turboprop airplane arrival and landing profile）

の型式によっても違ってくるのだが、スタビライズド・アプローチとはグライドパス(Glidepath)を安定して2.5度から3.5度の降下角を維持しながら降下することをいう。

　進入中、安定させておくべき速度として、AFM/POHに示されている進入形態における失速速度の1.25倍から1.30倍の進入速度を維持し続ける。

　着陸するため、フレアーを開始するまで、降下率を500フィート/分から700フィート/分の範囲内に安定させておかなくてはならない。

　ターボプロップ機で着陸する場合(ピストン・エンジン双発機にも言えるのだが)、接地前パワー・レバーを絞り、より早い時期にエンジンをアイドル状態にしてしまうと落着(Hard touchdown)する可能性がある。回転している大口径のプロペラが急速に低いピッチになり、大きな抗力を発生するためである。

　このような飛行機の場合、着陸時のフレアー操作そして接地時にも、幾分パワーを残しておくほうが望ましいと言える。

　確実に接地した後、プロペラをベータ・レンジに操作すると、ほぼ同じ機体重量のピストン・エンジン機に比べ、機体を減速させるはるかに大きな効果が得られる。

2−8　訓練について(TRAINING CONSIDERATIONS)

　ターボプロップ機が飛行する高度、特に高高度の飛行を取り巻く環境は、航空規則が求める要求事項、空域の構成、身体の生理学的な面及び気象状態が、これまでの飛行に比べ全く異なっている。

　ある程度高い高度及び高高度で飛行した経験などほとんどないパイロットがターボプロップ機に移行しようとするなら、ターボプロップ機が飛行する高高度に関する知識を身に着けてから飛行訓練を開始すべきである。

　これから飛行しようとしている高高度での環境、高高度での気象状態、高

第2章　ターボプロップ機への移行

高度飛行に必要な飛行計画及び航法、高高度飛行が人体に及ぼす生理的影響、酸素及び与圧装置に関する知識とその操作方法、高高度で緊急状態に陥ってしまった場合の対処方法等を学び、これらに関する知識を地上において身に着けておかなくてはならない。

実地試験において飛行機の性能及び飛行機のシステムに関する知識、緊急操作手順、運用限界に関する質問を受けた場合、正しく回答できるよう知識を身に着けておくこと、ディズグネーターに指示されたすべての飛行科目、緊急操作方法を安全に実施できるよう、身に着けることを目標にして飛行訓練を行わなければならない。

次に、高高度を安全に飛行するため必要な、最小限の項目を示しておく。

a. 地上での訓練 (Ground Training).
  (1) 高高度飛行を取り巻く環境 (The High-Altitude Flight Environment)
    (a) 空域 (Airspace)
    (b) 連邦規則集 14、セクション 91.211、補助酸素使用に関する項目 (Title 14 of the Code of Federal Regulations：14CFR　section 91.211, requirements for use of supplemental oxygen)
  (2) 気象 (Weather)
    (a) 大気 (The atmosphere)
    (b) 風と晴天乱流 (Winds and clear air turbulence)
    (c) 着氷 (Icing)
  (3) 飛行計画と航法 (Flight planning and Navigation)
    (a) 飛行計画 (Flight planning)
    (b) 天気図 (Weather charts)
    (c) 航法 (Navigation)
    (d) 航法援助用無線施設 (Navaids)

(4) 生理学的訓練 (Physiological Training)
　　(a) 呼吸 (Respiration)
　　(b) ハイポキシャ (Hypoxia)
　　(c) 長時間酸素を吸入した場合の影響 (Effect of prolonged oxygen use)
　　(d) 減圧症 (Decompression sickness)
　　(e) 視覚 (Vision)
　　(f) 減圧装置：任意 (Altitude chamber：optional)
(5) 高高度飛行に必要な装置及び装備品 (High-Altitude Systems and Components)
　　(a) 酸素及び酸素装置 (Oxygen and oxygen equipment)
　　(b) 与圧装置 (Pressurization systems)
　　(c) 高高度飛行に必要な装備品 (High-altitude components)
(6) 航空力学と性能に関する要素 (Aerodynamics and Performance Factors)
　　(a) 加速度 (Acceleration)
　　(b) 重力加速度 (G-forces)
　　(c) マック・タックと臨界マック：ターボジェット機 (MACH Tuck and MACH Critical：turbojet airplanes)
(7) 緊急操作 (Emergencies)
　　(a) 急減圧 (Decompression)
　　(b) 酸素マスクの装着 (Donning of oxygen masks)
　　(c) 酸素マスクの故障、酸素供給系統の故障 (Failure of oxygen mask, or complete loss of oxygen supply/system)
　　(d) 飛行中の火災 (In-flight fire)
　　(e) 乱気流、又は積乱雲の中での飛行 (Flight into severe turbulence or thunderstorms)

b. 飛行訓練 (Flight Training)
(1) 飛行前のブリーフィング (Preflight Briefing)

第2章 ターボプロップ機への移行

(2) 飛行前の計画 (Preflight Planning)
    (a) 気象状況及び解説 (Weather briefing and considerations)
    (b) 飛行コースのプロッティング (Course plotting)
    (c) 航空機フライト・マニュアル (Airplane Flight Manual)
    (d) フライト・プラン (Flight plan)

(3) 飛行前点検 (Preflight Inspection)
    (a) 酸素供給装置及び圧力の機能点検、レギュレーターの作動状態、酸素の流量、マスクの密着度、マスクに装備されているマイクロフォンを使用し、コクピット内及び交通管制機関と交信してテストする (Functional test of oxygen system, including the verification of supply and pressure, regulator operation, oxygen flow, mask fit, and cockpit and air traffic control communication using mask microphones)

(4) エンジン始動手順、ランナップ、離陸及び上昇 (Engine Start Procedures, Runup, Takeoff, and Initial Climb)

(5) 25,000 フィート以上の高高度へ上昇し、通常の巡航飛行を行う (Climb to High Altitude and Normal Cruise Operations While Operating Above 25,000 Feet MSL)

(6) 緊急操作 (Emergencies)
    (a) 模擬急減圧操作、及び酸素マスク装着 (Simulated rapid decompression, including the immediate donning of oxygen masks)
    (b) 緊急降下 (Emergency descent)

(7) 降下の計画 (Planned Descents)

(8) エンジン停止手順 (Shutdown Procedures)

(9) 飛行後の講評 (Postflight Discussion)

第 3 章
ジェット機への移行

Transition to Jet Powered Airplanes

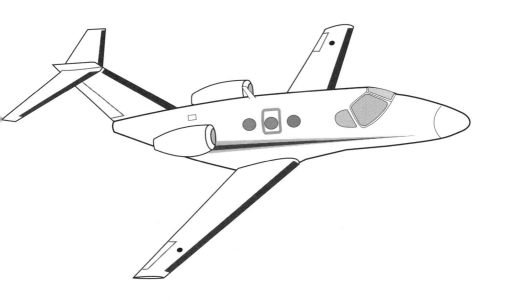

第3章　ジェット機への移行

3－1　概要 (GENERAL)

　この章ではジェット・エンジンで飛行する航空機の概要を説明する。ジェット機の操縦資格を取得するために設けられている、正規の訓練課程に代わるものではない。むしろ、これからジェット機の操縦資格を得るため、十分考慮され構成されている訓練を受けようとするパイロットが、知識を得る手助けとなるように説明している。

　この章には、ジェット機に移行しようとするパイロットが直面すると思われる、これまでの航空機と大きく異なる面を説明している。すでに理解しているピストン・エンジン装備航空機と、これから移行しようとしているジェット機はどう違うのか、両航空機の技術的に異なっている面を、どのように異なっているのか、操縦面ではどう違うのか、そして異なる特性をどのようにして自分のものにすればよいのかを理解できるように説明する。

　この章での説明が、特定の機種に該当するFAAの承認済みエアープレーン・フライト・マニュアル内の説明と異なる場合、エアープレーン・フライト・マニュアル内の説明を優先させること。

3－2　ジェット・エンジンの基礎 (JET ENGINE BASICS)

　ジェット・エンジンはガス・タービン・エンジンの一つである。ジェット・エンジンは、比較的少ない量の空気を高速度に加速して推力を発生させているが、これとは反対にプロペラは多量の空気を比較的遅い速度に加速し、推力を得ている。

　第2章でも説明したように、内燃機関であるピストン・エンジン及びガス・タービン・エンジンは吸入 (Induction)、圧縮 (Compression)、燃焼 (Combustion)、膨張 (Expansion) と排気 (Exhaust) というサイクルで運転される。

　エンジン内に吸入された空気は圧縮され、この中に燃料が噴射され、点火

概要

されて燃焼する。熱くなった燃焼ガスは、圧縮に要する出力を上回る大きな出力を発生させ、最終的には大気中へ排出される。

　ピストン・エンジン及びジェット・エンジンともにそのサイクルの効率は、どの程度の量の空気を吸入できるか、そしてその空気をどの容積まで圧縮できるか、つまり圧縮比 (Compression ratio) によって変わってくる。

　この膨張したタービン部分を通過した燃焼ガスの一部はジェット・エンジンのコンプレッサーを駆動する力に変化し、残りの燃焼ガスはテイル・パイプに流れ、ここで高速のジェット噴流に加速され、推力を発生する (図3-1)。

　理論的に、ジェット・エンジンはより単純に熱エネルギー(ガスを燃焼させ、このガスを膨張させる)を機械エネルギー(推力)に変更させている。

　多くの可動部分を持つピストン・エンジン(レシプロ・エンジン)は、この可動部分で熱エネルギーを機械的なエネルギーに変更し、プロペラを回転させ、推力を発生する。

　ピストン・エンジンに比べジェット・エンジンが勝っている点の一つは、ジェット・エンジンは高高度そして高速度において、ピストン・エンジンに

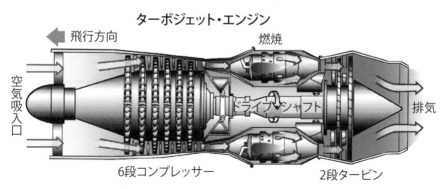

図3-1　基本的なターボジェット・エンジン(Basic turbojet engine)

第3章　ジェット機への移行

比べ、かなり大きな推力を発生できることをあげることができる。事実ターボジェット・エンジンの効率は高度及び速度が大きくなるにつれ、増加する。

　離陸滑走を開始した直後に最大の推力を得られる、という数少ない利点を除き、プロペラで飛行する航空機は、現代の航空輸送に要求される、より高い高度を高速で飛行するという点から見ても、ジェット機のような効率の良さを持ち備えていない。

　離陸滑走を開始した時点で発生できるジェットの推力は比較的小さく、高速度に達するまで効率も最高とはならない。

　ピュアー・ジェット・エンジン (ターボジェットをいう) とプロペラを駆動するエンジンの間に存在するこのような状態を改善するため、ターボファン・エンジン (Turbofan engine) が開発された。

　他のガス・タービン・エンジンと同様、ターボファン・エンジンの心臓部は、高温で高速のガスを作り出すエンジン部分のガス・ジェネレーター (Gas generator) である。ターボプロップと同じように、ガス・ジェネレーターが作り出したエネルギーの多くを使用する低圧タービン（ロウ・プレッシャー・タービン：Low pressure turbine）を備えている。

　このロウ・プレッシャー・タービンは同心円のシャフトに組み込まれ、このシャフトはガス・ジェネレーターの中空になっているシャフト内を通り、エンジン前方にあるダクテッド・ファン (Ducted fan) に接続されている (図3－2)。

　エンジン内に取り込まれた空気はファンを通過し、それぞれ異なる2つの経路に沿って流れる。

　この空気の多くは、エンジンのコア（中央部）の外側を包み込むように流れるので、バイパス・エアー (Bypass air) と呼ばれる。ガス・ジェネレーター用としてエンジンに取り込まれる空気はコア・エアフロウ (Core airflow) と呼ばれる。

ジェット・エンジンの基礎

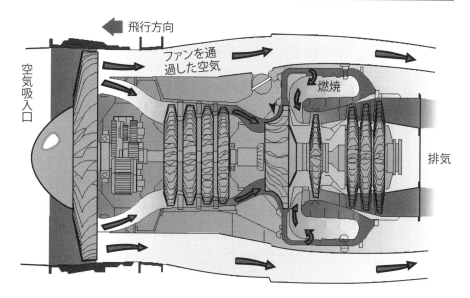

図3－2　ターボファン・エンジン(Turbofan engine)

　コア部分をバイパスする空気の量と、ガス・ジェネレーター用として取り込まれた空気の量との比を、ターボファン・エンジンのバイパス比(Turbofan's bypass ratio) という。

　ターボファン・エンジンは、大きな面積を持つファンの生み出す比較的低圧の空気流により、効果的に燃料のエネルギーを推力に変化させる。一方ターボジェット・エンジンは、推力を得るため、ガス・ジェネレーターの出力を全てジェット効果の得られる高速の排気に変えているが、比較的低温で低速度のバイパス・エアーは、ターボファン・エンジンの発生する推力の30〜70％を作り出している。

　ファン-ジェット (Fan-jet：ファンの作り出す噴流) を利用して推力を得るという考え方は、特に低速度そして低高度において発生するジェット・エンジンの全推力を増加させるということである。
　高高度における効率は低下してしまうのだが (ターボファン・エンジンは高度が増加するに伴い、推力は減少してしまう)、ターボファン・エンジン

の加速性は良好なので離陸滑走距離を短縮させ、離陸直後の上昇性能を向上させるとともに、燃料消費率を低下させる効果も備えている。

３－３　ジェット・エンジンの運転 (OPERATING JET ENGINE)

　ジェット・エンジンの場合、その推力は燃焼室内に噴霧される燃料の量によって決まる。多くのターボジェット及びターボファンでは、航空機を飛行させる出力は、各エンジンに一つずつ付いているスラスト・レバー (Thrust lever) で調整しており、エンジンを調整する多くの機能は自動的に行われる。

　スラスト・レバーは、回転数、エンジン内部の温度、外気の状態及びその他の要素をもとに燃料流量を決めるフューエル・コントロール (Fuel control)/エレクトロニック・エンジン・コンピューター (Electronic engine computer) に結合されている (図３－３)。

　ジェット・エンジンでは、回転数をモニターできるよう、主要な回転部分にはそれぞれの回転数を示す独自の回転計が備えられている。製造会社及び形式によっても異なるが、N_1 計はジェット・エンジンでは低圧コンプレッサー (Low pressure compressor) の回転数を指示し、ターボファン・エンジンでは、ファンの回転数を指示する。

　ガス・ジェネレーター部の回転数は N_2 計が指示し、この圧縮部分が３つに分かれているトリプル・

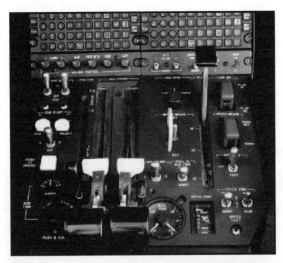

図３－３　ジェット・エンジンの出力調整装置
(Jet engine power controls)

スプール・エンジン (Triple spool engine) の場合、N_3 計が装備されているものもある。これらのエンジン各部は、毎分数千回転している。従って、これらの回転計は実際の回転数ではなく、回転数を％に較正し、表示するようになっている (図3－4)。

パイロットは、タービン部分のガス温度を注意深くモニターしなければならない。ガス・タービン・エンジン全体について言えるが、ほんの数秒間、定められている限界温度を超過した場合でも、タービン・ブレードやその他のエンジン部分を高熱で激しく損傷させてしまう可能性がある。

図3－4　ジェット・エンジンの回転計
(Jet engine r.p.m. gauges)

製造会社及び形式によっても異なるが、ガス温度はエンジン内部の様々な違う位置で計測されている。従って、ガス温度を指示する計器も、その計測する位置により、異なった名称がつけられている。

例を挙げて示すと：

・**排気温度** (Exhaust Gas Temperature：EGT) －タービンを通過し、テイル・パイプに入る排気の温度を示す。

・**タービン入り口温度** (Turbine Inlet Temperature：TIT) －燃焼部分を出て第1段タービンに向かう燃焼ガスの温度をいう。TIT はガス・タービン・

第3章　ジェット機への移行

エンジン内部で最も高温のガス温度で、エンジンが発生する出力を制限する要因の一つであり、最も計測しにくい温度でもある。TITと関連の深いEGTが通常パラメーターとして計測される。

・**タービン間温度** (Interstage Turbine Temperature：ITT) －高圧及び低圧タービン・ホイール間における燃焼ガスの温度をいう。

・**タービン出口温度** (Turbine Outlet Temperature：TOT) － EGTと似て、タービン・ホイール後方で計測した燃焼ガスの温度をいう。

3－3－1　ジェット・エンジンの点火装置 (JET ENGINE IGNITION)

ジェット・エンジンの点火装置は、地上と空中でエンジンを始動させる場合に使用され、2本のイグナイター・プラグ (Igniter plugs) で構成されているものが多い。エンジンが始動してしまうと、これ以降エンジン内部での燃焼は連続し続けるので、この点火装置は自動的にオフになるか、又は手動でオフにする。

3－3－2　連続点火 (CONTINUOUS IGNITION)

エンジンはエンジン・ナセルから吸入される空気の流れが乱れなく層流の状態で入ってくるかどうかについて、非常に敏感である。吸入される空気の流れに乱れがなく正常ならば、エンジンはスムーズに運転し続ける。

しかし、機体尾部にエンジンを装備している航空機の場合は、エンジンを取り付けている位置により、主翼によって乱された流れになっている空気を吸入してしまうとか、異常な飛行状態によって乱れた流れになっている空気を吸入してしまうと、コンプレッサー・ストール (Compressor stall) とかエンジンのフレームアウト (Flameout) を起こす原因となる場合がある。

この異常な飛行状態とは、激しい乱気流と遭遇した場合とか機体を失速させてしまった場合、機体のピッチ角が急激に変化してしまった状態をいう。

ジェット・エンジンの運転

このような状態に遭遇したり、激しい雨の中を飛行することになったり、着氷、鳥との衝突(バード・ストライク：Bird strike)などの原因でエンジンがフレームアウトする可能性を防ぐため、多くのジェット・エンジンには、点火装置を連続して作動させるコンテニアス・イグニション・システム(Continuous ignition system)が装備されている。

必要に応じこのシステムをオンにし、連続して作動させ続けることが可能である。ジェット機の場合、より安全性を高めるため、多くの航空機は離着陸操作時、この装置を作動させている。

航空機の失速警報装置が作動するとかスティック・シェイカー(Stick shaker)が作動した場合、両イグナイターが自動的に作動し始める装置を装備している航空機も多くある。

3－3－3　燃料用ヒーター (FUEL HEATERS)

ジェット機は高高度でかなり外気温の低い中を飛行することが多いので、極めて低い気温の影響でジェット燃料が冷却され、燃料に含まれている微量の水分が氷晶化され、エンジンに供給する燃料を濾過するフィルターを目詰まりさせてしまう可能性がある。この理由から、通常ジェット・エンジンは燃料用ヒーターを装備している。

凍結しないよう、燃料用ヒーターは自動的に燃料の温度を凍結温度以上に保つ装置もあるし、パイロットがコクピットで手動で作動させる装置もある。

3－3－4　出力の調整 (SETTING POWER)

ジェット機によっては推力(Thrust)をエンジン・プレッシャー・レシオ(Engine Pressure Ratio：EPR)計で表示する場合がある。エンジン・プレッシャー・レシオは、ピストン・エンジンの吸気圧力(Manifold Pressure)と同等である、ともいえる。

エンジン・プレッシャー・レシオとは、タービン出口圧力(Turbine discharge pressure)とエンジン吸気口での圧力(Engine inlet pressure)の差をいう。吸入した外気をエンジンがどのように変化させたか、を示す指数と

第3章　ジェット機への移行

図3−5　EPR計(EPR gauge)

いえる。

　たとえば、EPRを2.24に調整したということは、ファンで加圧された空気と外気の圧力を比べた場合、外気を1とすると加圧された圧力は2.24、つまり2.24：1になることを意味する。ターボファン・エンジンを装備する航空機の場合、EPR計を見ながらエンジン出力を調整する、重要な計器である、といえる(図3−5)。

　多くのターボファン・エンジンの場合、ファンの回転数を示すファン・スピード(N_1)は推力(スラスト)を示す重要な計器である。N_1の次に推力を示す計器は燃料流量(Fuel Flow)計なので、N_1とこの流量計をよく見比べ(Cross-checking)、燃料流量計が正常値を指示しているかを確認し、N_1計の指示は正確かどうかを確認しなければならない。

　ターボファン・エンジンには、ガス・ジェネレーター・タービンの回転数を示す回転計(N_2)も装備されている。この計器の指示はエンジン始動時や、様々なシステムの機能を調べる場合に参照する。

　エンジン出力は、出力を示す最も重要な計器(EPR又はN_1)の指示に注意しながら調整し、スラスト・レバーを前方に操作した場合、最初にこれらの指示(EPR又はN_1の値)が限界に達するはずである。しかし、これらEPR又はN_1の値が限界に達した場合、回転数又は温度が限界を超してしまう場合もある。

　鉄則：スラスト・レバーを前方に押し進めて出力を調整する場合、EPR、回転数又は温度のいずれかが限界値に達したなら、その時点でスラスト・レバーの操作を停止させなくてはならない。

3−3−5 スラストとスラスト・レバーの関係 (THRUST TO THRUST LEVER RELATIONSHIP)

　ピストン・エンジンでプロペラを駆動する航空機では、推力 (スラスト) は回転数、吸気圧力及びプロペラ・ブレードの角度で決まるが、吸気圧は最も大きな要素である、ということができる。回転数が一定である場合、スラストはスロットル・レバーの位置に比例して増減する。

　ジェット・エンジンでは、スラストはスラスト・レバーの位置には全く比例しない。ジェット機に移行しようとしているパイロットにとって、この違いは重要であるうえ、慣れておかなくてはならない点でもある。

　ジェット・エンジンでは、スラストは回転数 (質量流量：Mass flow) 及び温度 (空気/燃料の比：Fuel/Air ratio) に比例する。この説明はかなり適しているうえ、回転数の増加によりコンプレッサーの効率も良くなるので、スラストも劇的に増加する。

　ジェット・エンジンは、長時間高回転で運転される状態で、最良の効率が得られるように設計されている。回転数が増加すると、質量流量、温度ともに増加し、効率も高くなる。

　従って、スロットル・レバーを最大位置に操作すればするほど、レバーが後方にある場合よりも大きなスラストを得ることができる。

　ジェット・エンジンを装備する航空機に移行しようとしているパイロットが気づく違いは、ピストン・エンジンを装備する飛行機では、スロットルをあまり大きく操作しなくても出力を調整できたが、ジェット・エンジンでは、スラスト・レバーをフライト・アイドル位置からフル・パワー位置まで大きく操作しなければならない、という点である。

　たとえば、ピストン・エンジンでは、スロットルの位置がどこにあろうとも、スロットルを1インチ前方に操作すれば400馬力ほど増加するはずである。ジェット・エンジンでは、低回転域でスラスト・レバーを前方に1インチ操作したとしても、推力はわずか200ポンドほど増加するに過ぎないが、高

回転域で同じ量スラスト・レバーを操作すると、推力は2,000ポンドほど増加するはずである。

　このような理由により、ジェット・エンジンを低回転域で運転している状態で、かなり大きなスラストが必要となったとすると"スラスト・レバーを1インチ増加させる(inch the thrust lever forward)"だけでは大きなスラストを得ることはできない。スラスト・レバーをかなり大きく操作しなければ得られない。

　通常の操作時、急にスラストを増加させなくてはならないような場合でも、スラスト・レバーを急激に操作するとか、荒く操作する、というわけではない。すでに高出力に調整してあるなら、ほんのわずかレバーの位置を増加させるだけで大きなスラストが得られる。

　ジェット機に移行しようとしているピストン・エンジン航空機のパイロットは、2つの事項を覚えておき、身に着けておかなくてはならない。1つは、スラストは回転数によって変化するということ、もう1つは、ジェット・エンジンの加速にはある程度時間が必要である、という点である。

3－3－6　回転数に伴うスラストの変化(VARIATION OF THRUST WITH RPM)

　ピストン・エンジンは通常、使用可能な回転数の範囲は40〜70％程度で運転されることが多いが、ジェットエンジンでは、フライト・アイドル時の回転数は50〜60％で、効率よく運転できる回転数は85〜100％の範囲となっている。

　ジェットエンジンは90〜100％の回転数において、回転数70％で得られる推力よりも、より大きな推力を得ることができる(図3－6)。

3－3－7　ジェット・エンジンの加速は遅い(SLOW ACCELERATION OF THE JET ENGINE)

　プロペラで飛行する航空機では、ガバナーの調整可能な範囲内の回転数で運転すれば、定速プロペラ及びエンジン回転数は一定に保たれ、出力はマ

ジェット・エンジンの運転

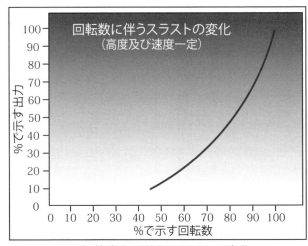

図3－6　回転数変化に伴うスラストの変化
(Variation of thrust with r.p.m.)

ニフォールド・プレッシャー(吸気圧力)によって変化する。

　ピストン・エンジンは、アイドル状態からフル・パワーまでの加速も比較的早く、3～4秒ほどで加速できる。ジェット・エンジンでは、加速はかなり遅いと言える。

　ジェット・エンジンの効率は、コンプレッサーがほぼ最高の性能を発揮できるようになる、エンジンの高回転時に最良となり、低回転時はかなり効率は悪くなってしまう。

　エンジンを通常の回転数で運転している状態で突然大きなスラストが必要となった場合、スラスト・レバーを全開すれば2秒間ほどで最大のスラストが得られる。

　しかしエンジンを低回転で運転しているとき、フル・パワーにするため急にスラスト・レバーを全開にすると、エンジンはコンプレッサー・サージ(Compressor surge)、タービン温度の急激な上昇、コンプレッサー・ストール(Compressor stall)を起こし、フレームアウトしてしまう場合もある。

　このような状態を防ぐため、システムにはコンプレッサー・ブリード・バルブ(Compressor bleed valve)といった様々なリミッター(Limiter)が設けられていて、急加速できるよう、エンジンの回転数によってはコンプレッサー出口圧力をエンジン外に逃がしている。

　この、重要な回転数に関する問題はエンジンがアイドル回転している状態に

第3章　ジェット機への移行

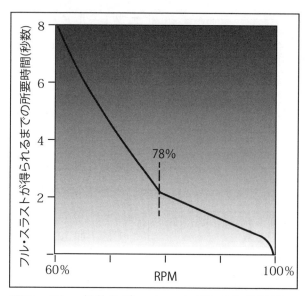

図3-7　一般的なジェット・エンジンの加速時間
(Typical jet engine acceleration times)

おいて顕著であるとともに、スラスト・レバーを急に高出力方向に操作した場合にも起こりうる。このように操作した直後のエンジンの加速は遅く、回転数が78％に達するとかなり早くなる(図3-7)。

78％以降、回転数増加の加速はかなり早くなるのだが、アイドル回転数からフル・パワーまで加速するのに要する時間は8秒、又はこれを上回ってしまう。このような理由から、ジェット機でファイナル・アプローチし着陸する場合、エンジン回転数を比較的高くして飛行し、飛行中、短時間のうちに高出力が必要と予想される場合にも高回転で運転される。

3－4　ジェット・エンジンの効率 (JET ENGINE EFFICIENCY)

　現在、ジェネラル・アビエーションに分類される小型ターボジェット航空機の飛行する高度は5万1000フィートに達している。高高度における環境下において、様々な理由によりジェット・エンジンの効率は高くなる。

　一定の回転数、一定の真大気速度 (True airspeed：TAS) を保って飛行する場合、ジェット・エンジンの燃料消費率は外気温度の低下に伴い、良好になる。

　従って高高度で飛行するとパイロットは、燃料の経済性をほぼベストな状態

に、そして巡航速度に関しても良好な状態を保って飛行することが可能となることを知るはずである。このように効率よく飛行するため、通常ジェット機は高高度をほぼ限界に近い高回転、そして限界近い排気温度で飛行している。

　高高度においては、マヌーバー(Maneuvering：運動飛行)に要するスラストに関する余裕はほとんどないと言える。従って高高度でのジェット機は、上昇及び旋回を同時に行えなくなる可能性があるので、運動飛行を行うには、使用できるスラストの限界範囲内、及び安定性と操縦性を損なわない範囲内で行わなくてはならない。

3－5　プロペラ効果が存在しないこと(ABSENCE OF PROPELLER EFFECT)

　ジェット機へ移行しようとしているパイロットが慣れなければならないことは、プロペラによる大きな効果が得られない、という点かもしれない。

　プロペラの後流(Slipstream)の効果による揚力は存在せず、プロペラ抗力も存在しない点である。

3－6　プロペラ後流が存在しないこと(ABSENCE OF PROPELLER SLIPSTREAM)

　プロペラは多量の空気を後方に加速し、そして(主翼にエンジンを装備している航空機の場合)この空気を広い範囲の主翼の翼面積上に流す。

　プロペラで飛行する航空機では、揚力はプロペラ後流によって発生する後方乱気流によって発生するわけではなく主翼の翼面積によって発生し(速度によるが)、主翼の発生する揚力はプロペラの後流によって影響される。この後流の速度が増加、又は減少すると、機体の速度を変化させなくても主翼の発生する揚力全体を増加、又は減少させることが可能となる。

　例で説明すると、プロペラで飛行する航空機は、急に出力を増加させ、揚力を増加させることが可能なので、低高度でしかも低速度であっても、出力

第３章　ジェット機への移行

を増加させ、直ちにこの状態を脱することが可能である。さらに一定速度を保ったまま揚力を増加させることができるので、出力を保てる状態であるなら、失速速度を低下させることも可能である。

　言い換えると、ジェットも大量の空気を後方へ押し流しているのだが、この空気は主翼上面を流れない。従って、一定の速度で飛行している状態で出力を増加させても、揚力が増加するという利点は得られず、パワー・オンでの失速速度を大きく低下させる、という利点も得られない。

　プロペラを装備していないため、ジェット機には次に示す２項目のマイナス面が存在する。

・出力を増加させるだけで、直ちに揚力を増加させることは不可能である。

・出力を増加させるだけで、失速速度を低下させることは不可能である。
　　10ノットの余裕(ある状態において、プロペラで飛行する航空機のパワー・オン、及びパワー・オフでの失速速度にはこの程度の差がある)は存在しない。

　出力を増加させようと操作しても、ジェット・エンジンの加速は遅く、プロペラ機のパイロットに比べジェット機のパイロットは３つの点で不利である。
　この理由として、ジェット機及びプロペラ機でアプローチしている状態を当てはめることができる。
　ピストン・エンジン航空機では、誤った操作をしても幾分回復できる部分が存在する。出力の調整で増減可能なので速度はあまり重要ではなく、降下率に関しても出力を調整すれば増加させることもできる。ジェット機では、誤った操作をしてしまうと、それを回復できる要素はほとんど存在しない。

　ジェット機で飛行していて降下率が増加してしまったなら、パイロットは

次の方法で降下率を修正しなければならない、ということを記憶しておかなくてはならない。

1. 揚力の増加は、主翼上面を流れる空気を加速することのみで得られるので、このように揚力を増加させるには航空機全体を加速しなければならない。

2. 高度を低下させずに航空機を加速させるには、急激にスラストを増加させなくてはならないのだが、ここでジェット・エンジンの加速が遅いこと(最大8秒程度かかってしまうこともある)が問題となってくる。

　ジェット機でアプローチしている最中、増加してしまった降下率を回復させる操作はかなり難しい。
　ジェット機では、エンジンの回転がなかなか増加しないため、直ちに揚力を増加させる方法はないので"スタビライズド・アプローチ (Stabilized approach)"、つまり着陸形態で一定の速度、安定した降下率、そして比較的だが高出力を、ランウェイのスレッシュホールド (Threshold) 上空まで維持し続けなければならない。
　このような状態でアプローチすると、比較的高出力になっているので、ほんの少し出力を調整するだけでアプローチ速度や降下率を修正できるうえ、必要に応じて、直ちにゴー・アラウンド (Go-around) することやミスド・アプローチ (Missed approach) することが可能になる。

3−7　プロペラ抗力が存在しないこと (ABSENCE OF PROPELLER DRAG)

　ピストン・エンジン航空機では、スロットルを閉じるとプロペラは大きな抗力を発生し、急に速度が低下するか高度を失ってしまう。ジェット・エンジン航空機では、出力をアイドル状態まで低下させても、この抗力による影

響は発生しない。事実、アイドル状態にしてもジェット・エンジンは前方に作用するスラストを発生し続けている。

ジェット・パイロットにとって大きな利点は、プロペラ回転数が制御不能になるとか、リバースにしたプロペラにより発生する抗力を気にしなくて済む点を挙げることができる。

しかし、ジェットでは、アイドル状態にしても機体を前方に移動させようとする慣性力、いわゆる"フリー・ホイリング (Free Wheeling)"効果が発生する、という不利な面を上げることができる。

しかしこの欠点も、飛行状態によっては(長い距離降下しながら飛行する、といった場合等)利点に変えることができる反面、ターミナル空域に進入するため、急減速しなければならない場合とか、着陸時にフレアーをする場合、不利になる面を持っている。

プロペラ抗力が存在しないことと空力的に見ても抵抗となる形状の小さいジェット機に初めて移行しようとしているパイロットにとっては、急減速しなければならないような場合に直面することは、大きな問題となるに違いない。

3−8　速度域 (SPEED MARGINS)

一般的なピストン・エンジンを装備する航空機には、2つの該当する最大運用速度 (Maximum operating speed) がある。

- V_{NO} −機体の構造強度上、認められている最大巡航速度で、速度計に示されている緑色弧線の最上部になる。

　　飛行状態によってはこの V_{NO} を超過し、警戒範囲(黄色弧線で示される)内での飛行が認められる。

- V_{NE} −速度計上に赤色放射線で示される超過禁止速度をいう。

速度域

　ピストン・エンジン航空機に設けられているこれらの速度制限は、通常大きな抗力に関する問題、及び比較的小さい巡航出力によりこれら制限速度よりかなり少ない速度で飛行するため、あまり気にされることはない。

　ジェット機の最大速度は、ピストン機の V_{NE} とは異なる用語で示される。ジェット機の最大速度を示すと；

・V_{MO} －ノットで示す最大運用速度

・M_{MO} － 10 分の 1 マック (音速) で示す最大運用速度

　ジェット機のパイロットが V_{MO} 及び M_{MO} に注意するには、該当する速度計及びマックメーター (Machmeter) に示されている赤色放射線を見なければならない。
　小型ジェット機 (General aviation jet airplane) では、これらの速度、対気速度とマック数を 1 つの計器で指示し、それぞれに該当する赤色放射線も設けられているものもある (図 3 － 8)。

　ジェット旅客機には高い機能を備えた計器が装備されている。
　この速度計は従来の速度計と同じように見えるのだが、条件により異なる最大運用速度を常時自動的に指示する、理髪店の看板のように塗り分けてある針 " バーバー・ポール (Barber pole)" が組み込まれている。

図 3 －8　ジェット機の対気速度計
　　　　(Jet airspeed indicator)

第3章　ジェット機への移行

　エンジンの持つ使用可能である大きなスラストと空気抵抗の少ない設計により、ジェット機は巡航中にも速度領域に定める限界を容易に超過でき、浅い角度での上昇中にこの速度限界を超過してしまった機体も数多く存在する。

　最大運用速度を超過すると、航空機の操縦性は激変してしまう。

　亜音速で飛行するように設計されている高速ジェット機は、機体の速度がマック1.0に近づくと発生する衝撃波（ショック・ウエーブ：Shock wave）の発生を防ぐため、音速以下の速度で飛行するようマック・ナンバーの制限を設けている。

　このショック・ウエーブ(それに加え、このショック・ウエーブに伴うアドバース効果)による影響は、航空機の速度がマック1.0よりかなり少ない飛行状態でも発生する可能性がある。

　翼上面を流れる空気の一部がマック1.0に達した時の速度を臨界マック数(Critical Mach Number：$MACH_{CRIT}$)と呼ぶ。この速度は、機体に衝撃波が発生し始めた時の速度になる。

　空気の流れがマック1.0に加速されたとしても、特に問題となることはないのだが、ショック・ウエーブ(Shock wave：衝撃波)が発生すると、この点を境に空気の流れは急速に亜音速域に減速してしまう。

　翼面を流れる空気の速度が増加するにつれ、このショック・ウエーブの影響は激しくなるとともに後方へと移動し、ショック・ウエーブ後方で剥離(Separation)が発生する(図3－9)。

　航空機をM_{MO}を超える速度に加速すると、ショック・ウエーブ後方に発生している剥離は、機体を激しく振動させるバフェット(Severe buffet)状態を発生し、機体を操縦不能の状態にしてしまったり、姿勢をひっくり返し(Upset)にしてしまう場合もある。

速度域

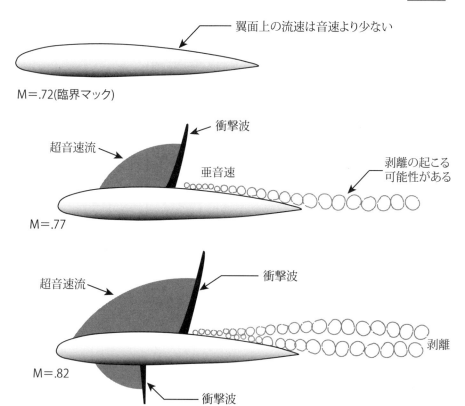

図3－9　遷音速域での空気の流れ(Transonic flow patterns)

　ショック・ウエーブが移動することにより、翼の揚力中心も移動してしまうので、機体がM_{MO}、又はこれ以上に加速し、遷音速速度に達するとパイロットは機体がピッチ姿勢を変化させるように動こうとする傾向を感じるかもしれない(図3－10)。

　図3－10に示すグラフを見て、仮に速度をマック.72まで増速したとすると、主翼は揚力を増加させるので、水平飛行を維持するには機首下げ操作に必要な力を加えるか、トリムを調整する必要が出てくる。速度が増加するにつれショック・ウエーブは後方に移動するため、主翼の圧力中心も後方に移動するので、機首を下げようとする運動、つまり"タック(Tuck)"が始まろうとする。

第3章　ジェット機への移行

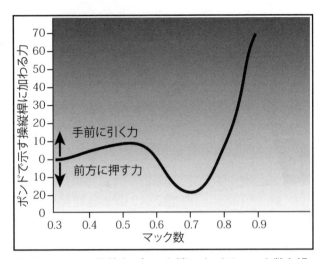

図3-10　一般的なジェット機におけるマック数と操縦桿に加わる力の関係
(Example of Stick Forces vs. Mach Number in a typical jet airplane)

速度がマック .83 になると、機首を下げようとする力は増加するため、機首を上げた姿勢にしておくには、操縦桿を70ポンドの力で引かなくてはならなくなる。

この速度増加に気づかないと、機首を下げようとする動き、いわゆるマック・タック (Mach tuck) が発生する。

このマック・タックは徐々に進行するのだが、圧力中心がさらに後方に移動すると、エレベーターをいっぱいに操作しても、この機首を下げようとする姿勢変化を防ぐことはできなくなり、航空機は急な角度で、回復不能なダイブ姿勢に陥ってしまう。

用心深いパイロットは、高速度域で起こるバフェット等の兆候はないか十分に注意を払い、操舵力が増加する速度よりも遅い速度で作動する音声警報装置の作動に気を配り、作動した場合にはすぐ処置を行う。

機首下げの運動が始まってしまったにもかかわらず、何の処置も取らず速度がさらに増加してしまった場合、危険度はさらに増加し、最悪の状態となってしまう。

航空機に定められている M_{MO} を超過し、さらに高速度になると、剥離及びショック・ウエーブ後方に発生する乱気流の影響は激しさを増すことにな

る。

　マック・タックを起こしてしまうその原因は、バフェット現象により主翼面上の空気流が乱れてしまい、水平安定板に加わるダウンウォッシュ効果が減少してしまうためである。

　この事実こそ、ジェット機によく見られる、主翼の発生する乱気流を避けるため、可能な限り高い位置に水平安定板をおくT字型の尾翼を生み出した大きな理由である。

　ジェット機は高高度/高マック数で飛行することが多いため、オートパイロット及びトリム・システムにマックによる影響を補正する装置(スティック・プーラー:Stick puller)を備え、パイロットが不注意に承認されているM_{MO}を超過してしまった場合に作動し、警告を与えるようになっている機体もある。

3-9　オーバースピードからの回復操作 (RECOVERY FROM OVERSPEED CONDITIONS)

　オーバースピードに陥らないようにするには、まずこの状態が突然起こることはない、という事実を認識することである。

　この事実から、パイロットは自分が操縦している航空機がどのような飛行状態にあるのかを常に認識しておき、機体に定められている最大運用速度を超過しないよう、注意しておくべきである。計器のみで航空機の姿勢を十分に維持できる計器飛行を行う優れた能力と正確に出力を調整できる技術が不可欠である。

　航空機により異なるが、速度がV_{MO}又はM_{MO}に近づいたとき、機体はどのように変化するのかをパイロットはよく知っておかなくてはならない。

　それには、次に示す兆候がある;

・操縦桿を手前に引くか、トリムを調整する必要のある機首を下げようとす

第3章 ジェット機への移行

る兆候が見られる。

・臨界マックに達し、気流の剥離が始まり、弱いバフェットが感じられる。

・V_{MO} 又は M_{MO} に近づくと作動する音声警報装置 / スティック・プーラーが作動し始める。

このように、オーバースピードしそうな兆候を感じたなら、パイロットは直ちにパワーをフライト・アイドルに絞り、減速操作を開始しなければならない。この操作をするとともに静かに機首上げ操作をすると、減速操作には効果的である (事実、ハイスピード警報装置が作動した場合、スティック・プーラーも自動的にこの操作をしてくれる)。

スピード・ブレーキを作動させることも、減速には役立つ方法である。

スピード・ブレーキの中には、操作すると機首を下げようとする力がさらに大きく操縦桿に感じられるものもあり、機首下げをさらに増大してしまう場合もある。多くの場合、スピード・ブレーキはいかなる速度でも操作できるので、さらに機首を下げようとする力を容易に軽減することが可能である。

どのように操作しても減速できないようなら、最後の手段としてランディング・ギアを下げる方法が残されている。この操作をすると抗力がかなり大きくなるので、機首が上がる可能性も増大するが、ギア自体を損傷させてしまう可能性もある。

ジェット機に移行しようとしているパイロットは、個々の航空機に該当するFAA承認済みのエアープレーン・フライト・マニュアルに記載されている、オーバースピードになってしまった場合の対処操作手順を熟知しておかなくてはならない。

3 － 10　マック・バフェット・バウンダリー (MACH BUFFET BOUNDARIES)

　ここまで、激しい振動を伴うマック・バフェットは、速度が過大になった状態においてのみ発生する、と説明した。

　ジェット機に移行しようとしているパイロットは、マック・バフェットについて、航空機の速度ではなく、主翼上面を流れる空気の速度によって発生する、という点に注意しておかなくてはならない。

　M_{MO} に近い高速度域で迎え角を大きくすると翼にはより大きな揚力が発生し"高速度バフェット (High speed buffet)"が発生する。

　しかしながら、"低速度バフェット (Low speed buffet)"としてよく知られている低速度域においても機体の振動が発生することがある。低速度バフェットは、翼の迎え角をかなり大きくして航空機をかなりの低速度で飛行させると、機体重量と飛行高度によって発生してしまう。

　この大きな迎え角による低速度バフェットは、主翼上面を流れる空気の速度を速くし、ショック・ウェーブを発生させ、いわゆる高速度域でのバフェットを発生させる状態と同じ結果となる。

　主翼の迎え角は、航空機が高速度、又は低速度で飛行している状態で発生するマック・バフェットのカギとなっている。迎え角を大きくすることがマック・バフェットを起こす原因となるが、主翼上面の空気の流れを速くする要因には：

- **高高度** (High altitudes) －航空機の飛行する高度をより高くすると空気密度は薄くなるので、水平飛行を維持するため、より大きな揚力が必要となり、大きな迎え角にしなければならなくなる。

- **大きな機体重量** (Heavy weights) －航空機の重量が増加すればするほど、

第3章　ジェット機への移行

同じ条件で飛行するには迎え角を大きくし、揚力を増加させなくてはならなくなる。

- **G 荷重** (G loading) －主翼に加わる G が増加すると、航空機の重量が増加した状態と同じになってしまう。

　旋回、荒い操縦操作、又は乱気流によって発生する重力加速度と同様である。結果、主翼の迎え角は増加する。

　航空機の指示対気速度は高度が増すにつれ減少するが、一方真対気速度は大きくなる。

　高度上昇に伴い指示対気速度は減少するので、航空機が 1.0G で飛行していても失速の前兆である低速度でのバフェットが現れ始める。

　指示高速マック速度と指示対気速度が同じになる点を、その航空機の空力的上昇限度 (Aerodynamic ceiling)、又は絶対上昇限度 (Absolute ceiling) という。

　FAA が承認したエアープレーン・フライト・マニュアル内に記載されている最大運用高度を超え、さらに高い高度に上昇し、空力的な上昇限度に達すると、速度を増加させようとするとマック限界で作動するように設計されているスティック・プーラーが作動し、スティック・シェイカー、又はスティック・プッシャーを作動させずに減速させることはできなくなってしまう。

　航空機の運動包囲線に示されるこの点を "コフィン・コーナー (Coffin corner)" と呼ぶ。

　マック・バフェットは主翼上面の空気流が超音速になってしまった結果、発生する。

　失速によるバフェットは、迎え角を大きくした結果、主翼上面を流れる空気流に乱れ（剥離点：Bourbling）が生じ、揚力を減少させてしまうために発生する。

マック・バフェット・バウンダリー

　密度高度が増加すると、主翼上面の空気流に乱れを生じさせてしまう迎え角は小さくなり、マック・バフェットと失速によるバフェットが等しい速度になる、いわゆる"コフィン・コーナー (Coffin corner)"に相当する密度高度まで小さくなり続ける。
　この状態に陥ってしまうと操縦不能な状態となって、悲惨な結果となってしまう。

　機体の重量を増加させるか、機体に加わる荷重倍数 (Load factor)、いわゆる G を増加させると低速度バフェットの発生する速度を速くし、マック・バフェットの発生する速度は遅くなる。
　51,000 フィートを 1.0G で飛行しているジェット機のマック・バフェットは機体の M_{MO}(.82 マック) よりも幾分速い速度で発生し、低速バフェットは .60 マックで発生すると仮定する。
　このジェット機の最適速度 (Optimum speed) である .73 マックで飛行しているときに、機体をバンクさせたり速度を変化させる、又はガストを受け 1.4G (1.0G よりわずか 0.4G 増加するだけだが) の荷重が機体に加わったりして、マック・バフェットを感じたとすると、水平飛行している状態でも 1.4G の余裕は意味をなさなくなってしまう。
　この結果から、巡航可能な最高高度を決定する場合、機体の運動 (マヌーバー)、ガストを受ける可能性を考慮し、G が増加してもバフェットに十分余裕のある高度を選定しなければならない。パイロットは巡航時における機体のマヌーバーとバフェット限界を示す線図 (図 3 − 11)、をよく理解しておかなくてはならない。

　ジェット機に移行しようとしているパイロットは、ジェット機で高高度を飛行する場合、機体の高高度、高速度における操縦の重要性について十分注意しなければならない、ということを忘れてはならない。
　ジェット機の中には、高速度バフェット及び低速度バフェットの間にいく

第3章 ジェット機への移行

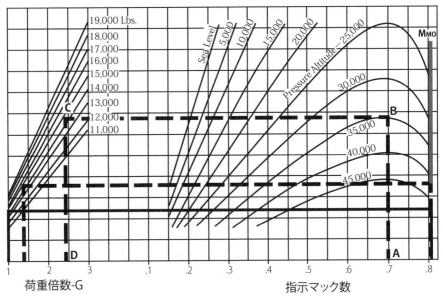

図3-11　マック・バフェットの境界を示す線図(Mach buffet boundary chart)

らも余裕のない機体もある。

　パイロットは、航空機製造会社が定めている、その航空機に該当する乱気流通過速度(Gust penetration speed)を記憶しておかなくてはならない。この速度は設計運動速度(Design maneuvering speed V_A)よりも大きい速度であり、しかも高速度バフェット及び低速度バフェットの間に十分な余裕をとった速度になっている。

　これは、ピストン・エンジン航空機と異なり、乱気流に遭遇してもジェット機はV_A以上の速度で飛行するためである。

　このように、高速ジェット機を操縦するパイロットは、安全に飛行できるよう、十分に訓練しておかなくてはならない。この訓練は、パイロットが高高度をマック近い高速で飛行するうえで重要になる航空力学の項目を十分に教えてもらい、理解するまで、終了したとは言えない。

3−11 低速飛行 (LOW SPEED FLIGHT)

　ジェット機は、基本的に高速で飛行するように設計されているので、低速度域での飛行特性は十分であるとは言えない。通常のピストン・エンジン航空機と異なり、ジェット機の翼面積は小さく、アスペクト比 (Aspect ratio：長いコード / 短いスパン) も低いうえ、薄い翼形をしているので、発生する揚力も小さい。

　さらに後退翼 (Sweptwing) であるため、翼の前縁部と直角に作用する揚力は航空機の速度に比べ常時小さいため、低速飛行には不向きである。言い換えると、後退翼表面上の空気流は実際の飛行速度よりも低速で飛行しているかのように作用してくれるものの、その時の迎え角及び速度で発生する揚力は損失が大きいといえる。

　低速度での揚力が少ない一番の理由は実際のところ、失速速度がかなり高い点にある。

　二番目に、低速度での揚力が少ない理由は、低速度域で揚力と抗力は速度によりかなり変化してしまうためである。

　ジェット機が最小抗力速度 (Minimum drag speed：V_{MD} 又は L/D_{MAX}) 近くまで減速していくにつれ、全抗力は揚力よりもはるかに大きく増加してしまい、飛行高度を低下させてしまう。

　仮に、パイロットがピッチ姿勢を大きくして揚力を増加させようとしても、機体は出力曲線のバックサイドに沿って移動していくため、抗力は増加しさらに大きくなるので速度は減少し続け、降下率も増加してしまう。

　この降下率の増加は、次に示す二つの方法のどちらかで軽減することが可能である：

・再び水平飛行に戻ることができるよう、ピッチ姿勢を下げて迎え角を小さくし、機体を V_{MD} 以上の速度に加速させる。

第3章 ジェット機への移行

しかし、この方法には、幾分高度を損失してしまう結果を伴う。

・スラストを増加させ、機体を V_{MD} 以上の速度に加速させ、水平飛行の状態に復帰させる。

　機体を加速させ元の高度に戻る操作には、大きなスラストが必要であるということをよく覚えておかなくてはならない。

　使用可能なスラストは、機体を加速させ、失った高度を回復させることができるのに必要となる十分な大きさでなくてはならない。そして機体が必要出力曲線 (Power required curve) のバックサイド側に位置するなら抗力は大きく、かなり大きなスラストが必要となってしまう。

　ピストン・エンジン航空機では、クリーンな状態での V_{MD} は通常 $1.3V_S$、又はこれよりもいく分大きい速度になっている(図3－12)。ピストン・エンジン航空機で速度 V_{MD} 以下の飛行を行うことはその飛行特性を確認できるうえ、この飛行状態を予測することも容易である。

　これとは対照的にジェット機の場合、$V_{MD}(1.5 ～ 1.6V_S)$ での飛行は、速度を減少させると抗力が増加してしまう、いわゆる速度の拡散により発生する速度安定 (Speed stability) が不足する以外、飛行特性に大きな変化はないの

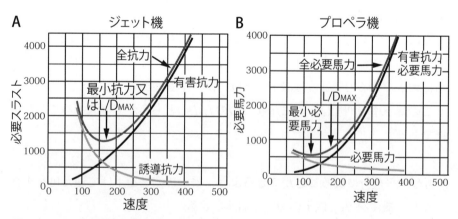

図3－12　必要推力及び馬力曲線(Trust and power required curves)

で、通常行うことはない。

　速度拡散 (Speed divergence) の発生を気付かないパイロットは、パワーを一定に保ち、ピッチ姿勢も正常なのに機体が大きな降下率で降下し始めてやっとこのことに気付くことだろう。

　ジェット機の飛行特性の一つとして、抗力は揚力が増加するよりも急速に増加してしまうため、機体は降下してしまうことがあげられる。

3－12　失速 (STALLS)

　後退翼航空機の失速特性は、直線翼航空機に比べかなり異なっている。パイロットが感じる最も大きな違いは、迎え角の変化によって発生する揚力の大きさの違いにあるだろう。

　直線翼の場合、迎え角を大きくするに従い、最大揚力係数 (Coefficient of lift) の得られる迎え角に達するまで揚力はほぼ直線的に増加し、この点を通過するとすぐに剥離 (失速) が始まり、揚力は急速に減少してしまう。

　これとは対照的に、迎え角を大きくしても後退翼は徐々に揚力を増加させ、最大揚力係数を得られる点もはっきりせず、この点を通過し揚力を発生しなくなってしまっても飛行できる能力を持っている。

　抗力曲線 (図3－13には示されていない) は、この図3－13に示されている揚力曲線とほぼ逆になっているので、後退翼機の迎え角を大きくしていくと、ある点を境に抗力は急激に大きくなってしまう。

　通常の、低い位置の尾翼 (T字型の尾翼ではなく) を装備する航空機と、後退翼でT字型尾翼を持つ機体での失速特性の違いは、次に示す2点に集中している。

・失速時、機首を上げようとする傾向

第3章　ジェット機への移行

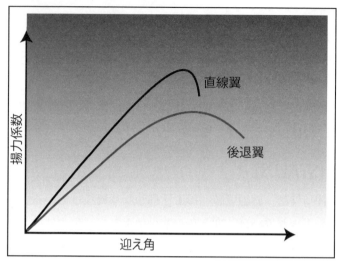

図3−13　迎え角と失速の関係−直線翼と後退翼
(Stall vs angle of attack−sweptwing vs straight wing)

- 失速からの回復操作に関する尾翼の有効性

　一般的な、直線翼で通常の位置に尾翼を装備する航空機の場合、機体の重量は下に作用し、揚力は上方に作用して尾翼の力をバランスさせている。

　エレベーターを操作し静かに減速すると、機体の持つ静安定性は機首を下げようとする。これに対し、さらにエレベーターを引き機首を上げ、速度を減少させ続ける。

　ピッチ姿勢が大きくなると低い位置に装備されている尾翼は、幾分乱れがあり、しかもある程度エネルギーを持つ主翼の発生したウエーキ(伴流)に包み込まれてしまう。失速が迫っていることを警告する、空力的なバフェットが発生する。

　尾翼の効果が小さくなってしまうため、パイロットはこれ以上大きな迎え角で失速 (Deeper stall) させることはできなくなってしまう (図3−14)。

　一般的な配置の直線翼航空機は失速時、機首を下げようとする傾向があり、この結果機体もピッチが下げの姿勢になる。

　失速した時点で主翼のウエーキは真っ直ぐ、又は幾分変化して後方へ流れ、尾部の上へと移動する。

失速

テイル部分は高いエネルギーを持つこの流れに包まれ、急激に揚力を上に働かせようとする力と遭遇する。そしてこの揚力はピッチ姿勢を機首下げ方向にしようとする力を補助し、基本的に失速からの回復操作に必要な、主翼の迎え角を小さくする。

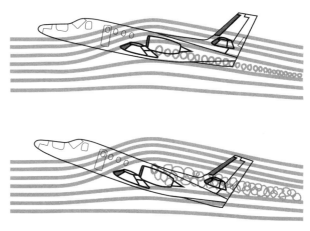

図3－14　失速の進行－ 一般的な直線翼航空機
(Stall progression－typical straight wing airplane)

　直線翼で低い位置に尾翼を持つジェット機と比べると、後退翼、及びT字型の尾翼を持つジェット機は、失速が始まると機体をピッチアップさせようとする傾向が始まり、失速時に尾翼の効果を失ってしまう点が異なっている。
　操縦性があまり良くなくなるのは直線翼を持つ航空機と同様だが、高い位置にあるT字型の尾翼は主翼のウエーキに影響されないので、失速に近づきつつあることを警告するバフェットの警報をあまり発することはなく、時には全く発することはない。
　減速し続け、失速速度に近づいても尾翼は完全に機能し続け、主翼が失速したとしても効果的に機能し続けることであろう。この結果、パイロットは主翼をより大きな迎え角にし、いわゆるディープ・ストールの状態にしてしまうことがある。

　失速時、全く異なる状態が二つ発生する。失速してしまうと、後退翼でT字尾翼を持つ機体はピッチ姿勢を低くしようとしないばかりか逆に高くしようとするため、T字型の尾翼は主翼の発生する、エネルギーの小さい乱れた

第3章　ジェット機への移行

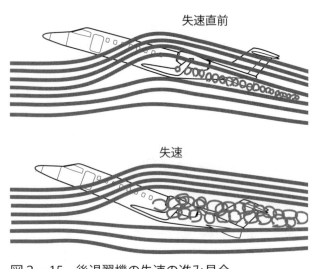

図3－15　後退翼機の失速の進み具合
(Stall progression sweptwing airplane)

ウエークに包み込まれてしまう。

この結果、尾翼の機能は低下してしまい、機体が機首を高く上げようとする運動を抑えることもできなくなる。主翼の発生した、乱れているうえ幾分速度も遅くなった尾翼周辺を流れる空気は、あたかも尾翼が大きな角度になって失速したかのような状態にする。

この状態になるとパイロットはすべてのピッチ運動をコントロールできなくなり、機首を下げることは不可能となってしまう。

失速直後に機首を上げると、大きく揚力を損なうとともに抗力を増加させて、主翼の迎え角はさらに大きくなり続けるとともに、大きな降下率で急降下しているかのような状態となる(図3－15)。

失速後、機首を上げようとする、いわゆるピッチアップしようとする傾向は、後退翼あるいは先細翼(Tapered wings)の持つ特性である。

このような形式の翼は、迎え角を大きくすると翼の先端部に向かおうとする大きな空気流を発生する。

この空気の流れは剥離を起こさせる作用があり、この結果、翼端部が最初に失速する(図3－16)。

最初に翼端部が失速するため、翼の揚力中心(Center of lift)は航空機の重心位置よりも前方に移動し、機首上げ姿勢にしようとする。

失速

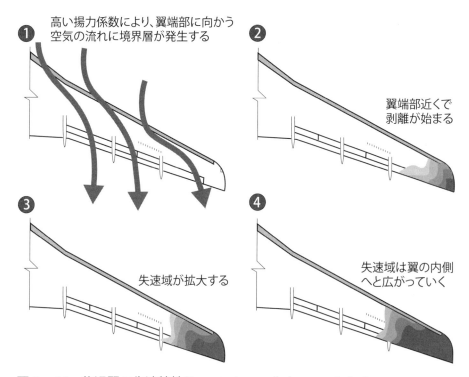

図3－16　後退翼の失速特性(Sweptwing stall characteristics)

先に翼端部が失速するとエルロンを巻き込んでしまい、ロール方向の操縦性を困難にする。

先ほど説明したように、V_{MD} 近くの速度で飛行している状態で迎え角を大きくすると、揚力が増加する前に抗力が増加するため、機体は降下し始める。

一定のピッチ姿勢を保って飛行しているにもかかわらず、飛行経路が下に向き始めたためこれを直そうと急な操作で迎え角を大きくすると、降下率が大きくなろうとするので、この傾向については、基本的に理解しておかなくてはならない(図3－17)。

不運にも失速して、大きな揚力を失ってしまうと急激に大きな迎え角にした時と同様、機体は急激に降下し始める。この状態は、いわゆるディープ・ストール(Deep stall)に陥ったことを意味する。

第3章　ジェット機への移行

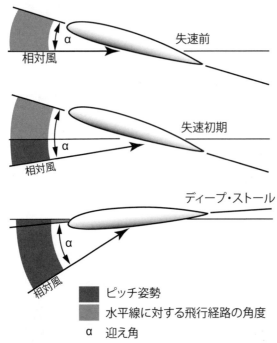

図3－17　ディープ・ストールの進行度合い
(Deep stall progression)

航空機がディープ・ストールに入ると抗力は急増し、機体は減速し始め、通常の失速速度よりもはるかに遅い速度になる。

降下率は、毎分あたり数千フィートに達する。

驚くべきことに、機体は安定した姿勢を保ち、ほぼ垂直に降下していく。

迎え角はほぼ90度に達し、指示対気速度はほぼゼロになる。

迎え角が90度になると、すべての舵翼は効かなくなる。

この状態は、異常に高い機首上げ姿勢にしない限り、発生しないという事実を強調しておく。航空機によっては通常のピッチ姿勢でもこの状態になる可能性があり、誤ってパイロットは通常の失速からの回復操作を行ってしまう恐れもある。

ディープ・ストールから回復することはできない。幸いなことに、機体に設定されている様々な限界事項を守って飛行する限り、この状態を避けることは簡単である。ディープ・ストールに入る可能性のある航空機(後退翼を装備する航空機/テーパー翼を装備する航空機全てを含むわけではない)には、高性能な失速警報装置であるスティック・シェイカーやスティック・プッシャーが標準装備されている。

その名の示す通り、スティック・プッシャーは、自動的に機体が失速状態

失速

に陥る前に航空機の迎え角を小さくする。

　エアープレーン・フライト・マニュアルに操作方法が記入されている場合を除き、ジェット機での完全な失速操作 (Full stall) は避けるべきである。

　ジェット機に移行する訓練を受けているパイロットは、失速の兆候を感じたら直ちに回復操作を行うべきである、と教えられているはずである。この失速の兆候は、音声による失速警報装置の作動／機体に装備されているスティック・シェイカーの作動で知ることができる。

　通常、スティック・シェイカーは実際の失速速度より107％ほど大きい速度で作動する。

　このような低速時に、直線翼でピストン・エンジンを装備する小型航空機の失速からの回復操作と同じように、機首を水平線より下へ下げてしまうと、機体は大きな降下率で降下し始める。

　従って、十分エンジン・スラストを使用できる低高度で失速からの回復操作を行う場合、後退翼を持つ多くの機体の回復操作方法は、出力を使用可能な最大スラストにし、主翼を水平位置にし、機体のピッチ姿勢を幾分正にしておく。

　この時のピッチ姿勢は、その時点での高度を維持できるか、いくらか上昇し始める姿勢にしておく。

　高度が高く、パワーのみで回復操作を行えるほどスラストに余裕がないようなら、機体が失速しないように機首を水平線より下にし、機体を加速させなくてはならない。この方法で回復させようとすると、回復させるまでに数千フィート、又はこれ以上高度を失ってしまう可能性がある。

　失速からの回復操作方法は、航空機によってかなり異なっている。航空機製造会社が定める失速からの回復操作方法は、航空機の型式ごとに異なり、その航空機に該当する連邦航空局が承認するエアープレーン・フライト・マニュアルに記載されている。

第3章　ジェット機への移行

3 − 13　抗力装置 (DRAG DEVICES)

　ジェット機に移行するため訓練を行っているパイロットは、その高速度に幾分戸惑いを感じるかもしれない。

　このパイロットにとって、機体を減速させることはかなり難しく感じるに違いない。

　極度に空気抵抗を少なくしている設計とジェット機の持つ大きな運動量、そしてこれまで慣れ親しんできた機体と異なり、ジェット機にはプロペラの抵抗が存在しないためである。さらに、出力をフライト・アイドルに絞ったとしてもジェット・エンジンはスラストを発生し続けているので、減速操作には時間を要してしまう。

　ジェット機の滑空性能はピストン・エンジン航空機の倍ほどに達するため、ジェット機を操縦するパイロットは航空交通管制官の指示通り、高度と速度を低下させることができなくなってしまう場合がある。

　このような理由から、ジェット機にはスポイラー (Spoilers) 及びスピード・ブレーキ（Speed brakes）といった抗力を発生させる装置が装備されている。

　スポイラーの主目的は揚力を減少させることにある。

　一般的なスポイラーは、通常は左右翼上面と同一平面になっていて、操作すると1枚あるいは数枚の長方形のプレートが上がるようになっている。これらのプレートは機体水平方向の軸とほぼ平行になるように取り付けられていて、前縁部にヒンジが組み込まれている。

　作動させるとスポイラーは相対風に立ち向かうように立ち上がり、主翼面を流れる空気を妨げてしまう (図3 − 18)。

　このように立ち上がったスポイラーは抗力を増加させる。通常、スポイラーはフラップの前方に装備され、ロール方向の操縦を妨げてしまわないよう、エルロンの前方に装備されることはない。

抗力装置

図3-18　スポイラー(Spoilers)

スポイラーを作動させると速度を低下させることなく、大きな降下率を得ることができる。

航空機によっては、スポイラーを作動させると機首上げのピッチ姿勢になろうとする機体もある、ということをパイロットは理解しておかなくてはならない。

着陸時にスポイラーを作動させると、主翼の揚力はほぼ失われてしまう。このようにスポイラーを操作すると機体の重量はすべてランディング・ギアに加わるので、ホイール・ブレーキの効きもより良くなる。

着陸時にスポイラーを作動させると、かなり大きな抗力を発生するので、機体全体に空気力学的なブレーキを効かせた状態を得ることもできる。

着陸時にスポイラーを作動させる大きな狙いは、ホイール・ブレーキの効果を最大にすることにある。

スピード・ブレーキを作動させる最大の目的は、抗力を作り出すことにある。様々な大きさや形状、そして取り付け位置は様々違っているものの、その目的は一つである―航空機を急速に減速させるためである。

スピード・ブレーキは、作動させると空気の流れの中に、抵抗となる平板を油圧で展開させる装置で構成されている。

スピード・ブレーキを展開させると対気速度は急速に減少する。

飛行中、速度を調整しようとする場合、どのような速度でもスピード・ブレーキを使用できるようになっているが、急にランディング・ギアとフラップを操作しなければならなくなり、急減速しなければならないような場合に

操作されることが多い。

　スピードブレーキを作動させるとある程度大きな騒音、及び振動が発生するとともに、燃料の消費量が増加してしまうという不利な面も持ち合わせている。

　様々な場面で、どのようにスポイラー / スピード・ブレーキを作動させればよいのかについては、連邦航空局が承認する各航空機のエアープレーン・フライト・マニュアルに記載されている項目を参照すればよい。

3－14　スラスト・リバーサー (THRUST REVERSERS)

　着陸時、ジェット機はその重量及び速度により、滑走中非常に大きな運動エネルギー (Kinetic energy) を持っている。

　ノーズホイールが接地してもジェット機はその抗力は低く、パワー・レバーをアイドル位置に絞っても、機体を前方に進めるように作用するスラストが存在するため、この運動エネルギーを小さくすることは難しい。

　ホイール・ブレーキが正常に作動していても、この他にも速度を減少させる装置が必要である。この必要性は、スラストの方向を逆に向けることで抗力を生み出し、解決している。

　スラスト・リバーサー (Thrust reversers) は、エンジンの排気システムに組み込まれている装置で、排気をうまく逆方向に向けてくれる。排気の方向を180度逆方向に変化させることはないが、前方から45度ほどの角度まで方向を変化させる。

　このように排気の方向を逆にすることで、エンジンは逆方向の推力を50％程度得ることが可能となった。

　エンジン回転数をリバースに認められている最大値にしたとしても、わずかだが前方に作用するスラストは発生していることになる。

　通常、ジェット・エンジンには2種類ある、ターゲット・リバーサー (Target reverser) 又はカスケード・リバーサー (Cascade reverser) のうち、どちら

かのスラスト・リバーサーが組み込まれている(図3－19)。

ターゲット・リバーサーはシンプルな構造でクラムシェル(2枚貝の貝殻状のドア)を収納位置から後方へ移動させ、回転させて排気の方向を阻止し、排気の方向を前方に向かせるようになっている。

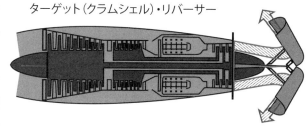

ターゲット(クラムシェル)・リバーサー

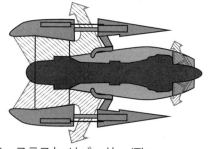

カスケード・リバーサー

図3－19　スラスト・リバーサー(Thrust reversers)

　カスケード・タイプのリバーサーは、これよりも複雑な構造になっている。このタイプのリバーサーはターボファン・エンジンに多く見られ、ファン部分の空気のみを逆方向に向かせるように設計されている。シュラウド内にあるファンの発生した空気の流れを阻害するブロッキング・ドア(Blocking doors)を作動させ、ファンの発生した空気流をカスケード・ベーン(Cascade vanes)により逆方向に向けている。

　一般的にだが、カスケード・タイプのリバーサーはファンの発生する空気の流れの方向を変化させるだけで、前方へのスラストを発生するコア部分の流れを変化させないため、ターゲット・リバーサーに比べると効果は小さいといえる。

　多くのリバース・スラスト装置は、スラスト・レバーをアイドル位置にし、上に持ち上げリバース・レバーをディテント位置にすると得られるようになっている。この位置にするとリバース・メカニズムは作動可能な状態にな

第3章　ジェット機への移行

るが、まだエンジン回転数はアイドル運転している状態にある。

　リバース・レバーを上に引き、さらに後方に操作するとリバース・エンジン出力は増加する。リバース・レバーをアイドル・リバース位置に閉じ、最後部まで引いて前方アイドル位置に戻すと、リバース機能は解除される。

　この操作で、リバーサーは推力を前方に作用させる元の状態へと戻る。

　リバース・スラストを利用するには二つの理由があり、その一つ目は速度が大きいほどリバース・スラストも増加すること、そして二つ目の理由としては、速度が大きいほど仕事率も大きくなることから、速度が低い時と比べると高速の時のほうが効果的に作用することである。

　言い換えると、航空機の速度が大きい時に作動させると、航空機の持つ運動エネルギーも、低速時より、より早く減少するためである。

　リバース・スラストの効果を最大にするには、機体が接地したならなるべく早く操作を開始すべきである。

　接地後、どの時点でリバース・スラストを使用すればよいのかを考えるとき、航空機の中には着陸時にスポイラーを使用しながらリバースを作動させると機首を上げようとする機体もあり、一瞬の間、再び機体が浮揚してしまう場合もある。このような航空機の場合、ノーズホイールが確実に接地してからリバースを作動させるようにする必要がある。

　このようにピッチ姿勢を変化させしまう傾向を持たない航空機の場合、メイン・ギアは接地したもののノーズ・ギアはまだ接地していなくてもリバース・アイドルにしても差し支えない。

　個々の航空機／エンジンの組み合わせに該当するリバース・スラストの操作方法に関しては、連邦航空局の承認を受けているエアープレーン・フライト・マニュアルに示されている方法に従うこと。

スラスト・リバーサー

　プロペラをリバース・ピッチにすることと、ジェット機でリバース・スラストにすることには大きな違いがある。プロペラをアイドル状態でリバースさせると、フル・パワーでリバースさせた状態の60％のリバースを得ることができるので、特にフル・パワーにする必要はない。しかしジェット機の場合、アイドル状態でのリバースはほとんど逆方向へのスラストを生み出さない。

　従って、ジェット機のパイロットは適した時期にリバースさせるための操作をするだけでなく、できる限りリバース側にフルに操作しなければならない。

　機体のフライト・マニュアルに規定されている範囲内に限るが、パイロットは着陸後の滑走が一定の範囲内に収まる確信を得るまで、フル・パワーでのリバース操作を行い続けなくてはならない。

　不意にスラスト・リバーサーが展開してしまったとすると、かなり危険な緊急状態に陥ったことを意味する。このような危険性を秘めているので、スラスト・リバーサーの解除は十分に注意して行わなくてはならない。

　装置にはいくつかのロック機構が組み込まれている；一つは飛行中に作動しないようにする装置、アイドル・ディテント以外の位置でリバーサーにならないようにロックしている装置、そして予期せぬ動きをした場合、自動的にリバーサーを収納位置にしてしまうオート・ストウ (Auto-stow) 回路も組み込まれている。

　スラスト・リバーサーの通常操作手順及び限界事項を理解しておくだけにとどまらず、リバーサーが異常な作動をした場合、どのように処置すべきか、についてもよく理解しておかなくてはならない。緊急状態が発生した場合、素早く正しい対処が必要だから、である。

第3章　ジェット機への移行

3－15　ジェット機を操縦する感覚(PILOT SENSATIONS IN JET FLYING)

　ジェット機に移行するため、訓練をしているパイロットは、大きく分けると3つの感覚を感じることだろう。その感覚とは、慣性力の違い、操舵に関する反応の違いと操舵に対する敏感性、そして飛行のテンポが速いことをあげることができる。

　ジェット機の場合、フライト・アイドル状態から最大離陸出力に増加させても、なかなか速度は増加してこない。一般的に、このような兆候はリード (Lead) あるいはラグ (Lag) と言われ、極度に空気抵抗の少ない機体デザインと遅いエンジンの反応による結果でもある。

　プロペラによる影響を受けないため、これまで慣れ親しんでいた、出力を低下させても抵抗は増加せず、そのほかのプロペラ抗力による変化も少ないため、ジェットに移行する訓練を行っているパイロットは戸惑いを感じるに違いない。これらは有効に作用する、揚力を生み出す主翼上面及び舵面上を流れるプロペラの発生する空気の流れが存在しないこと、そしてプロペラ・トルクの存在しないことに起因している。

　後部にエンジンを装備しているジェット機の場合、エンジン出力を増大すると幾分異なる反応を示し、機体は機首を下げようとする傾向を示す場合がある。別の言い方をすると、プロペラで飛行する機体の場合、出力を減少させると、機首を下げようと運動をするが、ジェットの場合機首を下げようとする傾向は発生しない。
　そしてこれらの動きを修正しなければならないため、移行する訓練を行っているパイロットは戸惑うこととなるに違いない。

　ジェット機の場合、性能を満たすために必要な出力の調整は、記憶だけで

はほぼ不可能であり、パイロットは何らかの参考となるものが必要と感じるはずである。"出力をどのように調整すればいいんだろう？"という疑問に対し"出力を決めるために必要なものなら何でも"と答えるしかないだろう。

　飛行中、どうして頻繁に出力を調整しなければならないのか、その大きな理由は飛行中、かなりの量の燃料を消費してしまうため、機体重量が大きく変化するためである。

　従って、パイロットは所定の性能を得るため、どのように出力を調整すればよいのか、その方法を学ぶはずである。そして、パイロットは出力を指示する計器について、最大出力を保つ場合、限界値以内に維持するため、あるいは回転数を同調させるために必要なのだ、ということを理解するだろう。

　出力を正しく調整することは、ジェット機に移行しようと訓練を行っているパイロットが真っ先に直面する問題点かもしれない。

　なんと言っても、スムーズに出力を増減させる操作は不可欠である、ということは言うまでもないが、ピストン・エンジンのスロットル・レバー操作に慣れ親しんでいるパイロットは、ジェット・エンジンの出力を増減させる際、かなり大きくスロットル・レバーを操作しなければならない点に十分注意しなければならない。

　出力を増減させる場合、パイロットはエンジン回転数を30％以上多めに増減させないとエンジンのスラストは増減しない、これ以下の回転数変化では出力を増減させる効果を得られない、という点についても理解しなければならない。

　機体を減速させる場合、プロペラによる抗力は期待できないので、なるべく早く出力を減少させるとともに抗力装置の使用を考えておかなくてはならない。

　操縦操作に対する機体の反応は機種ごとに異なるが、従来のプロペラ機に

第3章　ジェット機への移行

比べ、ジェット機はかなり敏感に反応し、ピッチ方向の反応は特に敏感である点にパイロットは気付くはずである。

　より高速で飛行しているため、各舵面の効きは敏感で、ほんの数度ピッチ姿勢を上げただけでもジェット機は低速機に比べ、2倍も高度を変化させてしまう。パイロットはまず、ピッチ方向の操縦性が敏感であることに気付くはずである。

　訓練を開始したばかりのパイロットは、どうしてもオーバー・コントロールになりがちになってしまう。正確かつスムーズな操縦の重要性を強調するわけではないが、これはジェット機に移行する訓練を行っているパイロットがまず身につけなくてはならないテクニックの一つである。

　後退翼ジェット機を操縦するパイロットは、大きな迎え角で飛行する必要のあることを認識するとともに、常時このようにして飛行することを理解する。着陸するため、5度ほど機首を上げた姿勢でアプローチすることは異常ではない。

　一定高度を保って失速近くまで減速する場合、機首上げ姿勢は15度から20度近くの高さになる。離陸時、デッキ角(Deck angle：地面と機体のピッチ姿勢でできる角度をいう)は15度ほどに達するが、これは主翼面を流れる空気流と迎え角でできる角度ではない。

　ジェット機の飛行でピッチ角は大きく変化するが、その理由として使用できるスラストが大きいこと、及び小さいアスペクト・レシオ(Aspect ratio)と後退翼による飛行特性を上げることができる。

　より大きなピッチ姿勢での飛行には、従来の機体を操縦するうえで基準としていた水平線とか機体外部の目標が見にくくなるため、より信頼性の高い飛行計器が不可欠となる。

　大きな率での上昇及び降下、そして高速度、高高度飛行、更には様々な高度での飛行が可能であるため、ジェット機の操縦には優れた計器飛行を行う

能力が要求される。ジェット機を飛行させるために行う移行訓練を身に着けるには、計器飛行に習熟していることが不可欠であるといえる。

　多くのジェット機の操縦桿頭部には親指で操作するトリム・ボタンが装備してあるので、パイロットはなるべく早くこれの操作に習熟しなければならない。
　ジェット機のピッチ姿勢は、フラップ及びランディング・ギアの下げ操作、そして抗力装置の上げ下げによって大きく変化する傾向がある。
　ジェット機を操縦するパイロットは、経験を重ねるに従い様々な操作によって変化するピッチ姿勢に対し、どの程度トリムを調整すればよいのか予測できるようになる。トリム・ボタンは操作量が過大にならないよう、ずっと押し続けるのではなく、操作する方向へ小刻みに操作するほうが良い。

3－16　ジェット機の離陸及び上昇 (JET AIRPLANE TAKEOFF AND CLIMB)

　連邦規則14(CFR14) パート25航空機輸送T類の耐空性基準に示されている要求事項を満たしているジェット機はすべて、連邦航空局の型式承認を受けている。連邦航空局の承認を受けたジェット機は高性能で、保証された性能と高い安全性を持っている。
　ジェット機の性能及び安全性は、連邦航空局が承認する、各航空機のエアープレーン・フライト・マニュアル内に示されている操作方法及び限界事項の範囲内で飛行する場合にのみ保証される。

　ここに示す内容は、多くの民間航空に従事するジェット機は、最小乗組員の数をパイロット2名としているため、パイロット2名で飛行する場合を想定して示している。ここに示す手順等の内容が、連邦航空局の承認を受けている各航空機のエアープレーン・フライト・マニュアル内の記述と異なる

第3章 ジェット機への移行

場合、フライト・マニュアルに示されている手順、方式を優先させなくてはならない。

そしてここに示されている手順等が、連邦航空局の承認を受けている航空機運航会社、訓練センターで定めている方式、個々の航空機に該当する方式と異なっている場合、その航空機運航会社の操作方法、又は訓練校のカリキュラムも、連邦航空局の承認する方式に従って作成され、承認を受けているので、その方式を優先させても支障ない。

3−16−1 速度 (V-SPEEDS)

次に示す速度は、ジェット機の離陸性能に関連する速度である。ジェット機を操縦するパイロットはこれらの速度をよく理解し、これらの速度が離陸性能の計算にどう使われるのかも理解しなければならない。

・V_S −失速速度をいう。

・V_1 −臨界発動機故障時の速度 (Critical engine failure speed)、又は決心速度 (Decision speed) をいう。

　この速度以下でエンジンが故障した場合、離陸操作を中断し、この速度以上で故障した場合には離陸を継続する。

・V_R −航空機の機首を上げ、離陸姿勢にし始める速度をいう。

　この速度は V_1 より少ない速度、又は $1.05 \times V_{MCA}$ (飛行中における最少操縦速度：Minimum control speed in the air) 以下であってはならない。

　片発動機で離陸を継続する場合、滑走路末端上空 35 フィートで V_2 に加速しなければならない。

・V_{LO} −航空機が初めて滑走路を離れる時の速度をいう。

　この速度は、承認を得ている航空機が要求事項を満たしていることを示

す場合に使用される技術用語である。

　この速度がエアープレーン・フライト・マニュアル内に記載されていない場合、これは要求事項を満たしていることを示すとともに、特にパイロットが考慮すべき速度ではないことを意味する。

- V_2 －必要滑走距離の末端部 35 フィートの高度において達していなければならない離陸安全速度をいう。

　この速度は本質的に片発動機における最良上昇角速度で、離陸後障害物を回避するか、少なくとも対地高度 400 フィートに達するまでこの速度を維持しなければならない。

3－16－2　離陸前のプロシージャー (PRE-TAKEOFF PROCEDURES)

　毎回離陸する前に速度 V_1/V_R 及び V_2、離陸出力の値、必要滑走距離を含む数値を計算し、テイクオフ・データ・カードに記入しておかなければならない。これらのデータは航空機の重量、使用できる滑走路の長さ、滑走路の傾斜、空港の気温及び滑走路の状態をもとに計算する。

　両パイロットはそれぞれ独自にテイクオフ・データを計算し、計算し終えたらコクピットでそれぞれが作成したテイクオフ・データ・カードを見比べ、クロス・チェック (Cross-check) しなければならない。

　キャプテン・ブリーフィング (Captain's briefing) はコクピット・リソース・マネイジメント (CRM：Cockpit resource management) 方式の重要な部分を占めているので、離陸直前に必ず実施しなければならない (図3－20)。

　キャプテンの行うブリーフィングは、飛行の重要な部分を占める、離陸時に必要なクルー・コーディネーションを再度確認する絶好の機会である。

第3章　ジェット機への移行

キャプテン・ブリーフィング (CAPTAIN'S BRIEFING)
I will advance the thrust levers.(私、キャプテンがスラスト・レバーを操作します)
Follow me through on the thrust levers.(両レバーを操作する私の手の上に手を添えておいてください)
Monitor all instruments and warning lights on the takeoff roll and call out any discrepancies or malfunctions observed prior to V_1, and I will abort the takeoff.(離陸滑走中、V_1に達するまですべての計器及び警報灯に注意し、何らかの異常もしくは故障に気付いたら声に出して教えてください、直ちに離陸操作を中断します) Stand by to arm thrust reversers on my command.(私が指示したら、スラスト・リバーサーを操作できるように準備してください)
Give me a visual and oral signal for the following:(次の項目を手信号及び声で教えてください) ・80 knots, and I will disengage nosewheel steering. (80ノット、この読み上げ声でノーズホイール・ステアリングを解除します) ・V_1, and I will move my hand from thrust to yoke.(V_1の声で私は手をスラスト・レバーから操縦桿に移します) ・V_R, and I will rotate.(V_Rの声で私は機首上げ操作を開始します)
In the event of engine failure at or after V_1, I will continue the takeoff roll to V_R, rotate and establish V_2 climb speed.(V_1以降にエンジン故障が発生した場合、私は離陸滑走を継続し、V_Rで機首上げ操作を開始、速度V_2で上昇します) I will identify the inoperative engine, and we will both verify.(どちら側のエンジンが故障したのか私が確認します、その後2人で再確認します) I will accomplish the shutdown, or have you to do it on my command.(故障したエンジンの停止操作は私が行います、しかし私に操作するように指示された場合、あなたが実施してください)
I will expect you to stand by on the appropriate emergency checklist.(該当する緊急操作手順を示すチェックリストを読み上げ、操作できるよう準備しておいてください)
I will give you a visual and oral signal for gear retraction and for power settings after the takeoff.(ギア上げ操作と離陸後の出力への調整は私が手信号と声で指示します)
Our VFR emergency procedure is to………..(有視界気象状態ならば、... の緊急方式で空港へ戻ります)
Our IFR emergency procedure is to………. .(計器飛行気象状態ならば、... の緊急方式で空港へ戻ります)

図3－20　キャプテン・ブリーフィングの一例 (Sample captain's briefing)

ジェット機の離陸及び上昇

離陸及び上昇は、航空機毎に作られている標準の離陸及び離陸後の上昇方式に従って飛行する(図3−21)。

3−16−3　離陸滑走(TAKEOFF ROLL)

離陸にはなるべく長い滑走路を使用することが望ましく、離陸前の計算で使用する滑走路の長さ又は障害物によって性能が制限されてしまう場合は特に、できるだけ長く滑走路を使用できるようにすべきである。

タクシーし、滑走路のエンド部分に進入したなら機体を滑走路中心線上に乗せ、滑走路の幅が左右均等になるようにする。

ブレーキを作動させた状態でスラスト・レバーをブリード・バルブが作動する範囲以上(通常、スラスト・レバーがほぼ垂直になる位置)にし、エンジンを安定させる。

ブレーキを解除する前、又はさらにスラストを増加させる前にエンジン計器を点検し、正常に作動しているかを確認する。このように操作すると離陸滑走中にスラストを増加させても左右非対称のスラストになってしまうこと

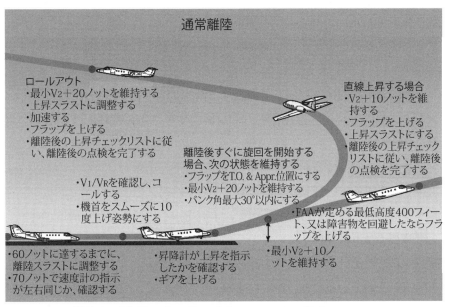

図3−21　離陸及び上昇(Takeoff and departure profile)

第3章　ジェット機への移行

を防ぐことができるうえ、所定の離陸スラストをオーバーさせてしまうことを防ぐことができる。

　ブレーキを解除し、離陸滑走を始めながらスムーズにスラスト・レバーを開き、あらかじめ計算しておいた離陸出力にする。

　60ノットに達するまでに離陸スラストに調整しておく。このエンジン出力の最終調整は、その時点で操縦を担当していないパイロット、つまりパイロット・ノット・フライング (Pilot not flying：PNF) が行う。

　いったんスラスト・レバーを離陸出力位置に調整し終えたなら、60ノット以降、再調整を行うべきではない。スラスト・レバーを絞る操作は、ITT、ファン又はタービン回転数が限界値以上になってしまった場合に限られる。

　滑走路の長さが十分にあるようなら、滑走路上に進入し、エンド部分で停止することなく離陸滑走を開始する"ローリング：Rolling"テイクオフをすることも可能である。

　この方式で離陸滑走を開始する場合、航空機を滑走路上に進入させながらスラスト・レバーをスムーズに垂直位置まで操作してエンジンを安定させ、あとは機体を停止させから開始する方法と同じ操作で離陸操作を行う。

　離陸滑走中、機体を操縦しているパイロット、つまりパイロット・フライング (Pilot flying：PF) は機体の方向を維持することに集中していなければならない。

　プロペラで飛行する航空機に比べ、ジェット機の場合プロペラのトルクによって発生するヨー運動がないため、かなり容易にできるはずである。

　正確に機体を滑走路の中心線上を、主翼を水平に保ちながら滑走させる。

　常時このように操作していると、エンジン故障が発生してもパイロットは対処する方法を的確に行えるようになる。

　横風が吹いているなら、操縦桿を風上に操作して、主翼を水平に保ち続けておく。

ジェット機の離陸及び上昇

離陸滑走中、操縦を担当していないパイロット(PNF)は機体の各システム及びキャプテン・ブリーフィングに従い、正しく速度Vを読み上げる責任を持つ。

わずかに操縦桿を前方に操作し、ノーズホイールを滑走路面に着けておく。
ノーズホイール・ステアリングを使用しているなら、PFは速度約80ノット(航空機によってはV_{MCG})までノーズホイール・ステアリングの操作に気を配り、この間PNFはスロットルを前方に操作し続ける。

V_{MCG}に達したらPFはノーズホイール・ステアリングから左手を離し、操縦桿に移動させる。

そして速度V_1に達するまで、右手はスラスト・レバーに添えておく。

離陸滑走中PNFはエンジン計器に注意し続けるのだが、PF(機長)はいかなる理由が発生した場合にも、離陸を継続するか中断する判断を下す責任を有する。

離陸を中断する判断をした場合、直ちにスラスト・レバーを絞らなくてはならない。

PNFはV_1のコール・アウト(読み上げ)をしなくてはならない。離陸滑走中、速度V_1を通過したなら、PFはスラスト・レバーに手を添えておく必要はない。

離陸を中断する速度以上に達したら、両手で操縦桿を操作しても差し支えない。

速度がV_R近くに達したなら操縦桿を中立位置に戻す。

あらかじめ計算しておいたV_Rに達したら、PNFはPFに速度がV_Rに達したことをコール・アウトして知らせ、これを聞いたならPFはスムーズに機首を上げ、機体のピッチ姿勢が離陸に適した姿勢になるようにする。

3－16－4　機首上げ操作と浮揚 (ROTATION AND LIFT-OFF)

ジェット機の場合、機首上げ操作及びこれに続く浮揚は、別々の操作では

第3章 ジェット機への移行

なく、一つの操作であると考えるほうが良い。この操作には正確な計画、及び滑らかな操作が必要である。

その理由として、速やかに V_{LOF} に加速し滑走路の末端部分上空35フィートで V_2 が得られるよう、正しく V_R で離陸に必要な機首上げ姿勢にしなければならないことを上げることができる。

離陸に適した機首を上げる操作が速すぎると、離陸滑走距離が長くなってしまったり、浮揚が速すぎて正常な上昇率が得られなくなってしまう原因となる。

さらに、機首上げ操作が遅すぎると、離陸滑走距離がより長くなるうえ速度も V_2 に達してしまうため、予想よりも低い上昇経路を飛行してしまう結果となる。

各々の航空機には、機体重量に関係なく一定の機首上げ姿勢が備わっている。

ジェット機の場合、離陸時のピッチ姿勢は10から15度機首を上げた姿勢になっている。離陸時の機首上げ操作はスムーズに、しかも一定の割合で意識して行わなくてはならない。

航空機によって異なるのだが、離陸時のピッチ上げ姿勢にする割合は毎秒2.5～3度の割合で高くしていく。

訓練中、パイロットは V_R と V_2 を超過してしまうことが多いのだが、これは PNF がちょうど V_R に達したか、少し過ぎた時点でコールするためである。

訓練を受けている PF は、自分の目で V_R を確認してから機首を上げる操作を始める。そして機体は滑走路から浮揚するのだが、その時速度は V_2 又はそれ以上になってしまっている。

このように、幾分速度が多すぎたとしても大した問題にはならないのだが、滑走路の長さに制限があるとか、障害物との間隔が問題になるような場合に

は、この遅い浮揚はとても重要な問題となってしまう。

　多くの航空機は、両エンジンが正常に作動している状態での離陸でも、その初期上昇経路上に障害物が存在する場合、離陸時に片方のエンジンが故障した場合を想定し、性能上制限を受けるということを覚えておかなくてはならない。

　これは、速度が急速に増加するので、正しい速度で上昇しないと、エンジン故障時に推定される飛行経路よりも低くなる可能性があるためである。

　ジェット機に移行するため訓練を行っているパイロットは、正しい速度で、しかも正しい割合で機首上げ操作を開始すれば、機体は正しい速度で、あらかじめ計算しておいた離陸滑走距離内で浮揚することができる、ということをよく覚えておかなくてはならない。

3－16－5　初期上昇 (INITIAL CLIMB)

　正しい離陸時のピッチ姿勢にしたなら、その姿勢を維持し続ける。

　浮揚後の初期上昇は、このピッチ姿勢を維持し続ける。

　離陸出力を維持し続け、加速させる。

　昇降計が上昇を示し、実際に機体も上昇し始めたことを確認したらランディング・ギアを上げる。

　機体によっては、ランディング・ギアを上げる際、ランディング・ギアのドアが開くため、一時的に機体の抗力が増加する場合もあることを覚えておかなくてはならない。

　ギア上げ操作が早すぎると、機体が沈み、滑走路面に接触してしまう可能性もある。

　地面効果が存在するため、機体が滑走路上35～50フィートの高さに達するまで、昇降計及び高度計ともに上昇を指示しない可能性も考えられることも覚えておかなくてはならない。

　上昇に適したピッチ姿勢を維持したまま、機体をフラップ上げ速度まで加速させる。

フラップは障害物を回避できる高度、又は高度400フィートAGLを越すまで上げなくても差し支えない。

離陸及び上昇するこの過程で、地面効果及びランディング・ギアを上げたことで減少した抗力により、機体は急速に加速していく。速度、高度及び上昇率、機体の姿勢、及び機首方位には十分気を配っておかなくてはならない。

正常に上昇していたにもかかわらず機体の上昇が鈍るようなら、前後軸方向の操縦桿を支えているトリムが、機能する範囲を外れてしまっている可能性がある。

この飛行状態で旋回をしなければならないような場合、バンク角は15～20度の範囲内に留めておかなくてはならない。

らせん運動による不安定な動きとラダーとエルロンのトリムが十分に取れていないために起こる動きの発生する可能性があるので、旋回する場合にはバンク角には十分注意していなければならない。

出力の低下が起きるようなら、低下が起きると同時に機体のピッチ姿勢を低くし、不用意に機体が降下しようとしてはいないか、十分に注意しておかなくてはならない。

航空機が、適するエン・ルート上昇速度(En route climb speed)に達し、その速度を維持して上昇しているなら、機体全ての軸に関するトリム調整ができていることを示すので、オートパイロットをエンゲージさせる。

3－17　ジェット機でのアプローチと着陸(JET AIRPLANE APPROACH AND LANDING)

3－17－1　着陸に関する要求事項(LANDING REQUIREMENTS)

連邦航空局はジェット機の着陸距離に関する要求事項を、連邦規則14、パート25(CFR14　part25)に明記している。このパート25には最小の滑走路長(最小のマージンでもある)が定めてある。

航空規則は、滑走路の末端部上空50フィート地点からフレアー操作をしてドライ状態(乾燥している滑走路面)に接地し、ブレーキを最大限に使用

ジェット機でのアプローチと着陸

して停止するまでの着陸距離に関して規定している。

この方式に従い実証した滑走距離はさらに67％延長され、連邦航空局が承認するエアープレーン・フライト・マニュアルに、連邦航空規則に従って実証したドライ時の着陸滑走距離として記載される(図3−22)。

滑走路面が濡れている場合、つまりウェット状態での滑走距離は、ドライ状態での距離をさらに15％延長した距離となっている。

つまりドライ状態における最小の長さの着陸距離は、実際に滑走路の末端上空を50フィートで通過して着陸し、航空機が停止するまでに要した距離の1.67倍の長さが必要であり、ウェット状態の滑走路の場合にはドライ状態での距離を1.92倍した距離が必要となる。

連邦航空規則に定められている着陸滑走距離の長さに関しては、スピード・ブレーキを使用し、かつ車輪ブレーキを最大に作動させた状態で得た値を基に計算し、示されている。

連邦航空規則に定められている必要な着陸滑走距離の実証に、リバース・スラストは使用されない。

3−17−2　着陸速度 (LANDING SPEEDS)

離陸時の計画と同様、ジェット機で着陸する場合、考慮すべき速度は次の

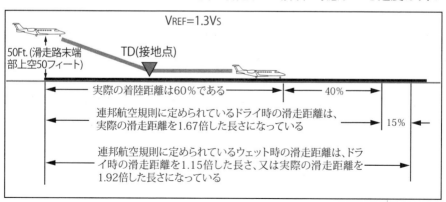

図3−22　連邦航空規則に定められている必要滑走距離
　　　　(FAR landing field length required)

第3章　ジェット機への移行

速度である。

・V_{SO} －着陸形態での失速速度をいう。

・V_{REF} －着陸形態での失速速度を1.3倍した速度をいう。

・Approach climb －片方のエンジンが故障しているにもかかわらず、ゴー・アラウンドしなければならないような場合にも、十分な性能の得られる保証のある速度をいう。
　　双発機の場合、2.1％の勾配で上昇可能な機体重量に制限される。(3発機、4発機のアプローチ・クライム勾配はそれぞれ、2.4％、2.7％になっている)。これらは、航空機がランディング・ギアを上げ、フラップをアプローチ位置に下げ、作動側エンジンを離陸時のスラストにした場合を基準としている。

・Landing climb －航空機は最終的な着陸形態になっていて、全エンジンを離陸最大出力にすることが可能な場合、着陸の最終段階において降下を停止し、ゴー・アラウンド可能なことを保証する速度をいう。

　毎回着陸する前に、予め着陸に適した速度を計算し、これを用紙に記入し両方のパイロットが良く見える位置にこの紙を貼っておかなくてはならない。
　V_{REF}速度、又はスレッシュホールド通過速度を、場周経路を飛行する場合に参照する速度にする。
　たとえば：
　ダウンウインド・レグ－ V_{REF} ＋ 20 ノット

　ベース・レグ－ V_{REF} ＋ 10 ノット

ファイナル・アプローチ－ V_{REF} ＋5ノット

スレッシュホールド上空50フィート－ V_{REF}

　ジェット機でのアプローチ及び着陸は、各航空機用に作られているアプローチ及び着陸操作方法に従って行うことが望ましい (図3－23)。

3－17－3　大きく異なる点 (SIGNIFICANT DIFFERENCES)

　どのような航空機であっても、安全なアプローチは滑走路末端部(スレッシュホールド)を通過するときの位置、速度及び高度にかかっている。

　飛行の締めくくりとなる最終段階での状態は、すべてのアプローチ段階での飛行状態によって変わってくる。

　プロペラ機の場合、より幅のある角度からのアプローチが可能であり、大きく速度を変化させても、かなり大きく降下角を変化させてもアプローチすることが可能である。

　ジェット機の場合、スラスト・レバーを増減させてもスラストの増減するまで幾分の遅れがあることに加え、コースの修正も直ちに行えるわけではないので、より正確に最終進入開始地点に到達するまで、いわゆるファイナル・アプローチは、より安定したうえで、より慎重に、かつ一定の割合で進入しなければならない。

　ジェット機に移行する訓練を行っているパイロットは、ジェット機は印象的ともいえる素晴らしい性能、及び高い能力を秘めているが、ピストン・エンジン航空機でアプローチする場合と比べると、アプローチが難しく、しかもアプローチ中に何らかの修正をすることは難しい、という点をよく理解しておかなくてはならない。

・一定の速度で飛行していても、パワーを増せば直ちに大きな揚力を生み出してくれるプロペラの後流が存在しないこと。

第3章　ジェット機への移行

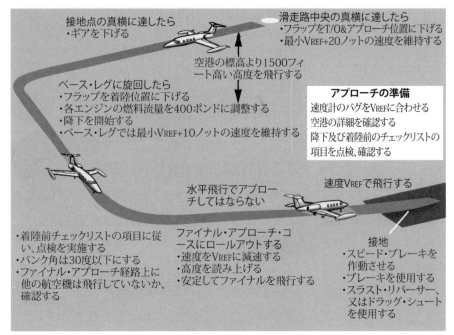

図3−23　標準的なアプローチ及び着陸時の様子
　　　　(Typical approach and landing profile)

　グライドスロープから外れてしまった場合、出力を増加させてもこれを修正するための揚力は直ぐに増加しない。揚力を増加させるには航空機を加速させる以外に方法はない。

　エンジン出力を増加させようと操作し、しばらく間を置いて出力が増加しても、出力に反応して機体が加速するまでより多くの揚力は得られない。

・プロペラ後流が存在しないため、パワー・オン・ストール速度が低くならないこと。

　実際、パワー・オン・ストール速度とパワー・オフ・ストール速度には殆ど差が見られない。

　ジェット機の場合、失速を防ごうとスラスト・レバーを開いても不可能である。

- ジェット・エンジンは、低回転の状態から回転数を増加させようと操作しても、なかなか回転数は増加しない。

  この特性があるため、ジェット機でのアプローチは、大きな抗力/大出力の得られる形態で行い、より大きな出力が必要となった場合に備えておく。

- ジェット機の運動量は大きいため、急速に飛行経路を変更することはできない。

  ジェット機は、ほぼ同じ大きさのプロペラ機と比較すると、かなり重量は大きい。従ってジェット機は高速度での飛行を目的とした翼型により、最終進入時、指示対気速度をより大きく保つ必要がある。

  これら2つの要素が重なりあい、ジェット機の運動量を大きくしてしまう。

  速度やコースを変更するにはこの運動量よりも大きな力が必要になるので、ジェット機はプロペラ機より反応が遅くなってしまうため、進入には十分な計画と安定した進入飛行が必要になる。

- 低速度域での速度安定性がないこと。

  プロペラ機に比べ、ジェット機の抗力曲線はかなりフラットであるので、速度を変化させても抗力はあまり変化しない。

  さらにジェット機の場合、少し速度を変化させてもスラストはほぼ一定のままである。

  このような結果から、速度安定性はないといえる。

  速度が増減してもジェット機にはそれまでの速度に戻ろうとする傾向は存在しない。

  だからパイロットは、一定の速度を保つよう常に気を配り、速度が変化した場合には直ちに修正しなければならない。

第3章　ジェット機への移行

・低速度域において、抗力の増加は揚力の発生よりも早いので、大きな降下率を生み出してしまう。

　ジェット機の翼は、アプローチ形態にすると抗力を大きくする。

　何らかの理由で降下率が発生してしまった場合、これを直ちに修正する方法はピッチ姿勢(迎え角)を大きくする以外に方法はない。

　揚力に比べ、抗力の増加はより早いので、このようにピッチ姿勢を変化させると、かえって降下率を大きくしてしまう可能性があるので、これを防ぐため、姿勢を変化させるとともにスラストをかなり増加させなくてはならない。

　ジェット機の持つ飛行特性により、安定したアプローチ（スタビライズド・アプローチ：Stabilized approach)が不可欠であると言える。

3－17－4　スラビライズド・アプローチ(THE STABILIZED APPROACH)

　連邦航空局が承認しているエアープレーン・フライト・マニュアルに含まれている性能表及び限界事項は、その航空機の速度及び重量における運動量そのものを物語っている。

　滑走路長に関する限界事項は、滑走路末端部(スレッシュホールド)上空50フィートの高度をV_{SO}の1.3倍の速度で通過して着陸する場合の滑走路長を示している。

　この"ウインドウ"つまりスレッシュホールド上空50フィートの高度をV_{SO}の1.3倍の速度で通過することはとても重要で、スラビライズド・アプローチに不可欠な要素となる。

　着陸距離に関する性能値は、スレッシュホールド上空50フィートの高度を正確にV_{SO}の1.3倍の速度で通過し、この後滑走路の前方約1,000フィート地点に存在する接地帯に着陸し最大の停止能力を使用して得た長さになっている。

このスタビライズド・アプローチには、基本的に5つの要素が含まれている。

・アプローチを開始する初期の段階で航空機を着陸形態にする。
　ランディング・ギアを下げ、フラップを着陸時の位置に下げ、トリムを調整、燃料をバランスさせる。
　これらの操作が完了していることを確認しておくと、ファイナル・アプローチ中、大きく諸元を狂わさずに済む手助けとなる。

・1,000フィート以下に降下するまで、プロフィール通りの正しいアプローチ・コース上を決められた諸元通りに飛行する。
　航空機の形態、トリムの調整度合い、速度及びグライドパスを維持し、スレッシュホールド上空50フィートの高度をV_{SO}の1.3倍の速度で通過するため、不注意になったり修正に追われたりすることのないようにする。
　グライドパスの角度は2.5°〜3°に調整し、この進入角を維持する。

・指示対気速度は、所定の速度から10ノット以上変化させないようにする。
　多くのジェット機について言えることだが、トリムの調整度合いと速度及び出力の状態の間には、この進入速度を安定させ、大きく変化させないようにする重要な関連性がある。

・降下率は、毎分500〜700フィート程度にしなければならない。
　アプローチ中、降下率を毎分1,000フィート以上にしてはならない。

・急に出力を増加させなければならない場合に備え、直ちに反応してくれるエンジン回転数に調整しておくこと。

　アプローチする度に毎回、高度500フィートでスタビライズド・アプロー

第3章 ジェット機への移行

チを行っているかどうか、判断しなくてはならない。ジェット機の場合、この状態は機体が接地する1分前にあたる。この高度で、アプローチがスタビライズしているかどうかを判断し、スタビライズしていないなら、直ちにゴー・アラウンドを開始する(図3－24)。

3－17－5　アプローチ速度(APPROACH SPEED)

　最終進入(ファイナル・アプローチ)を開始したら、速度の調整はエンジン出力を増減させて行う。

　最終進入中、速度に注意し、V_{REF}から少しでも変化したら直ちに修正する。

　経験豊富なパイロットは、速度が増加しようとしているのか、又は減少しようとしているのか、その初動で感知できるので、ほんのわずか出力を増減するだけで元の速度に戻すことができる。

　パイロットは、ジェット機特有の低速度域での速度安定性に欠けているため大きな抗力が急速に増加し、しかも降下率も大きくなってしまう危険性が存在する点に十分注意しなければならない。

　急に降下率が増加してしまった場合、通常のピッチ姿勢を維持していてもそれに見合う揚力を得ることはできない、ということを思い出して欲しい。降下率の発生に気づいたならば、迎え角を大きくすると共にスラストを増加

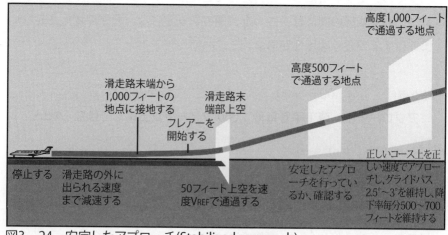

図3－24　安定したアプローチ(Stabilized approach)

させ、発生する大きな抗力に対処する。

どの程度の修正が必要なのかは、発生した降下率の程度によって変わってくる。降下率が小さいようなら、スムーズかつ僅かな修正で元の状態に戻すことが可能である。

発生してしまった降下率が大きいようなら、大きな修正操作が必要になるし、修正し終えたとしてもアプローチは不安定な状態になってしまうと思われる。

ジェット機でのアプロー中、犯しやすい誤りはアプローチ速度が大きくなりすぎてしまう点である、ということができる。

本来通過すべき滑走路末端上空の窓（ウインドウ）を、大きすぎる速度で通過すると、ドライの状態の滑走路では、過大になっている速度1ノットにつき、機体が停止するまでの距離を20〜30フィートほど長く、ウェット状態の滑走路では1ノットにつき40〜50フィートも長くする。

さらに悪いことに、速度が多すぎるためフレアーを開始する地点も長くなり、余分な速度1ノットにつき250フィートほど長くなる。

ファイナル・アプローチを行っている時点で、速度を正しく調整することは最も重要である。パイロットは速度の変化に充分気を配り、細かな修正で正しい速度に戻せるようにしておかなくてはならない。

滑走路末端部上空50フィートの位置(スレッシュホールド・ウィンドウ)を、正しい速度で通過することが重要である。

3－17－6　グライドパスの調整 (GLIDEPATH CONTROL)

最終進入(ファイナル・アプローチ)は一定速度で行い、グライドパス角及び降下率の修正は、ピッチ姿勢及びエレベーターを操作して行う。

電気的にグライドスロープを指示してくれる装置の有無にかかわらず、最適なグライドパス角は2.5°〜3°である。

第3章　ジェット機への移行

　目視進入する場合、パイロットは浅いアプローチをする可能性がある。
　この浅いアプローチを行うと、着陸距離を長くするので、避けなければならない。
　最適な進入角度3°ではなく、2°で進入して着陸すると、着陸滑走距離は500フィート長くなる。

　滑走路末端部上空を通過する高度が高くなるというミスは、より犯しやすいと言える。
　この結果、アプローチが不安定になったり、安定していてもアプローチそのものが高くなってしまう原因となる。
　計器進入を行っている場合、進入復行開始点付近又は滑走路のスレッシュホールド近くでもこの状態は起こりやすい。
　いかなる理由によっても、スレッシュホールド通過時の高度が高すぎると、通常の接地点を飛び越え、さらに先に接地する結果になる。スレッシュホールドを通過する高度が規定高度より50フィート高くなると、着陸滑走距離は1,000フィートも長くなる。
　いずれにしても、スレッシュホールド上空を正しい高度(滑走路面から50フィートの高さ)で通過することが重要である。

3－17－7　フレアー (THE FLARE)

　フレアー操作を行い、アプローチしている時の降下率を接地に適した降下率まで減少させる。
　小型航空機と異なり、ジェット機の場合、滑走路上を飛行し続けながら可能な限り機体を減速させてから着陸するのではなく、"あらかじめ決めていた着陸地点にドシン(Firm)"と接地させるべきである。
　ジェット機は着陸形態にしても、空力的に見て抵抗が小さいうえ、そのエンジンはアイドル回転数に低下させても僅かだがスラストを発生し続けている。

ジェット機でのアプローチと着陸

　フレアー操作を行っている最中、なるべく静かに接地させようと飛行しながら減速操作をしすぎると、かえって着陸距離を長くする結果となる。
　ある程度の速度を持たせたまま接地点に接地させる、いわゆる"ドシン"と接地させる操作が正常であり、望ましいといえる。このドシンと接地させる操作はハード・ランディング (Hard landing) を意味するわけではなく、むしろ望ましい又は正しい着陸操作であるといえる。

　多くの空港において、航空機は、ランディング・ギアを下げて、着陸時のフラップ下げ位置及び接地点の設けられている位置によっても違ってくるのだが、大体30〜45フィートの高度で滑走路末端上空を通過する。
　航空機が滑走路末端部上空を通過したあと、5〜7秒後に接地する。
　ピッチ姿勢を大きくしてフレアー操作を開始し、ランディング・ギアと滑走路面の間隔が15フィートほどになるまで、降下率を毎分100〜200フィートになるまで減少させる。
　多くのジェット機の場合、フレアーするため機首を上げる操作は、わずか1°〜3°程度であろう。
　フレアーしながら、スムーズな操作でスラストをアイドルにする。
　滑走路末端部上空を通過してから、接地するまでに減少する速度は5ノット程度である。
　スラストを減少させている状態でフレアー操作を行うと、この操作中に速度は大きく減少する。さらに速度を減少させようとフレアー操作をし続けてしまうと、滑走距離を数百から数千フィートも長くする原因となる (図3－25)。

　長い間フレアーをさせ続けると、より大きくピッチを上げる操作が必要となって、機体の尾部を滑走路面に擦りつける、いわゆるテイル・ストライク (Tail strike) を引き起こす可能性が出てくる。

第3章　ジェット機への移行

　従って、滑走路の上空を降下しながら飛行し、**目標としている接地点に達したなら、幾分速度が多めであるとしても機体を接地させるべきである。**

　飛行するたびに毎回、慎重な接地を心がけるとともに、同じ接地点に機体を接地させるべきである。

　パイロットは自分が操縦する航空機の型式毎に、フレアーした場合の特性を理解しておかなくてはならない。

　左右コクピットから見る外部目標の見え方も、ウインドウの配列が左右で異なるため、違ってくる。左右のパイロットから見る外部目標の見えかた、ランディング・ギアの配列及び長さ等も機種の型式毎に異なっている。

　基本的に、高くもなく、そして低すぎない正しい高度でフレアー操作を開始することが重要である。

　フレアーを開始する高度が高すぎる、又はスラストを減少させる時期が早すぎると機体は浮き上がってしまい、目標の接地点を飛び越してしまうこと

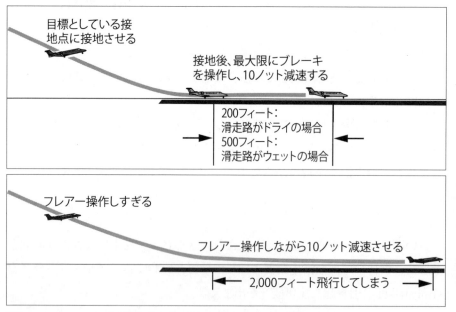

図3－25　フレアー操作をしすぎた場合(Extended flare)

があり、時には大きな降下率で接地してしまうことを防ごうとして、パイロットが急激に、しかも大きくピッチ姿勢をとる結果となってしまう。

　これらは、テイル・ストライクを起こす原因となる可能性がある。

　フレアー開始操作が遅れると、機体を落着させる原因となる。

　フレアー中、スラストを正しく調整することも重要である。多くのジェット機について言えるのだが、スラストを変化させるとピッチ・トリムに大きな影響が現れてくる。

　急激にスラストを変化させた場合、素早いエレベーター操作が必要となる。

　フレアー操作をしている最中、スラスト・レバーを急速にアイドル位置にすると、パイロットはピッチ方向の操縦を急速に操作しなければならなくなる。

　スラスト・レバーをゆっくり、しかも静かに操作すれば、エレベーターの操作を容易に、しかもスラスト・レバーの操作と調和させて行うことができる。

3−17−8　接地及び接地後の減速 (TOUCHDOWN AND ROLLOUT)

　適正にアプローチを行い、そしてフレアー操作し、通常滑走路末端から1,000フィート先の、目標となる接地点に機体を接地させる。

　両メイン・ホイールが滑走路面に接地したら、パイロットは機体の方向維持に努め、機体を停止させる操作を始める。前方に幾分かの距離を残し、機体を滑走路上に停止させる。

　機体を目標としていた接地点に接地させることができたなら、まだ前方に残っている、停止操作を行える滑走路の長さは最長になるはずである。

　速度が多すぎていなければ、機体の持っている運動量は短時間のうちに減少するはずである。

　接地点において、航空機にはまだ大きな運動エネルギーがあるため、かなりの高速で機体を移動させてしまう。

第3章　ジェット機への移行

　航空機自体が持っている、この大きな全エネルギーをブレーキ、空力的な抗力とスラスト・リバーサーで消失させなくてはならない。

　ジェット機は機首を上げた姿勢にしておくとなかなか減速しないので、接地したなら速やかにノーズホイール・タイヤを接地させる。ノーズホイールのタイヤを滑走路面に接地させておくと、方向を維持するための操縦にも効果がある。さらにノーズ・ギアを接地させると主翼の迎え角を小さくし、揚力を減少させ、よりタイヤに大きな重量を加え、タイヤと地面の間で発生する摩擦力を大きくする効果も得られる。

　ジェット機の着陸距離を示す性能表は、着陸してから4秒後にノーズホイールを接地させた場合の距離を示している。

　航空機を停止させるには、わずか3つの力しか存在しない。

　ホイールのブレーキ、逆方向に作用させるスラストと空力的な抗力である。

　これら3つの方法の中で、最も効果的に作用する装置はブレーキで、着陸時機体を停止させる上で最も重要な装置であると言える。

　滑走路面がスリッパリー (Slippery：つまり非常に滑りやすい状態) になっているなら、機体の減速に使用される主要な制動装置は、リバース・スラストと空力的に抗力を発生させる装置になる。リバース・スラストと空力的な抗力は、いずれも高速でタクシー中に最も有効である。

　いずれにしても、滑走路面の状態がどうであれ、低速度域においてブレーキは最も効果的な制動装置であるといえる。

　着陸後のロールアウト (Rollout)、つまり減速し滑走路の外に出られるようになるまで減速させ、機体を停止させるまでの距離は、接地時の速度及びどのような制動力を加えるのか、によって変わってくる。

　滑走路面とタイヤの摩擦力によって、ブレーキを最大限に操作するには限界があるものの、パイロットはいつ、どの制動装置を作動させるのかを判断し、操作しなければならない。

ジェット機でのアプローチと着陸

　パイロットは接地後、なるべく早く回転しているホイールを、スムーズかつ連続した操作でブレーキを作動させ、機体が停止するか、又は安全にタクシーできる速度になるまで減速させる。

　しかし、航空機が正常に機能するアンチ・スキッド装置 (Anti-skid system) を装備していないなら、ブレーキ操作に十分注意しなければならない。この装置がない場合、強くブレーキを操作するとホイールがロックして、タイヤをスキッドさせてしまう原因となる。

　航空機の方向を維持しながら滑走路面との摩擦を利用し、機体にブレーキをかけ続ける。

　機体の方向を維持することでブレーキを最大限に作動させ、摩擦力を最大に保つことが可能となる。

　タイヤと滑走路面の間に生じる摩擦力は、滑走路面の状態によってどのような影響を受けるのか、摩擦力によって得られる最大の効果をどのようにして引き出すのか、ジェット機を操縦するパイロットは十分に理解しておかなくてはならない。

　スポイラーは高速時に最も効果を発揮するので、装備しているなら接地後、なるべく早く展開 (Deploy) させる。適正な時期にスポイラーを展開させると抗力を 50 〜 60 ％ほど増加させることができるのだが、重要なことは、この装置は主翼の発生する揚力を低下させるので、より多くの機体の重量をホイールに加えることが可能になるという点である。

　スポイラーはフラップを着陸形態に下げた機体の 2 倍に当たる荷重をホイールに加える。

　この荷重によりタイヤと滑走路面の摩擦力は、タイヤのブレーキ効果を最大にするとともに、方向を変化させる際のコーナリング力も大きくする。

　スポイラーと同様、スラスト・リバーサーも高速度域で最も効果を発揮す

第3章 ジェット機への移行

るので、接地後なるべく早い時期に作動させるべきである。

　ノーズホイールを接地させるまで、リバーサーを操作してはならない。

　作動させたにも関わらず、不運にも左右どちらかのリバーサーが作動しない場合、作動している側へ操作不能の機首を振る運動が始まってしまうので、このような状態が発生したら、パイロットはノーズホイールのステアリング装置を操作し、航空機の方向を維持し続けなくてはならない。

用語集 (GLOSSARY)

100-HOUR INSPECTION　百時間点検
　最大離陸重量 12,500 ポンド以下の航空機で、他人の需要に応じ、報酬を得て飛行する航空機が 100 時間飛行するたびに実施しなければならない点検をいう。

ABSOLUTE ALTITUDE　絶対高度
　地表面等と航空機間の垂直距離をいい、対地高度 (AGL) ともいう。

ABSOLUTE CEILING　絶対上昇限度
　これ以上上昇不能となる高度をいう。

ACCELERATE-GO DISTANCE　加速離陸距離
　全エンジンを離陸出力にして離陸滑走を開始し速度 V_1 まで加速し、V_1 に達した時点で片方のエンジンが故障し、残っているエンジンのみで離陸可能な距離をいう。高度 35 フィートまで上昇し、速度 V_2 が得られるまで滑走路の長さは必要である。

ACCELERATE-STOP DISTANCE　加速停止距離
　全エンジンを離陸出力にして離陸滑走を開始し、速度 V_1 に達した時点で片方のエンジンが故障し、ブレーキのみを操作させて (スラスト・リバーサーは操作しないものとする) 機体を停止できるまでの滑走路の長さをいう。

ACCELERATON　加速度
　慣性力を上回る力で、単位時間における速度の変化をいう。

ACCESORIES　補器 (アクセサリー)
　エンジンと共に作動する機器をいい、エンジン本体は含まれない。補器にはマグネトー、キャブレター、ジェネレーター及び燃料ポンプ等が含まれる。

ADJUSTABLE STABILIZER　調整可能な安定板 (アジャスタブル・スタビライザー)
　飛行中、航空機をトリムさせるために調整が可能な安定板をいい、調整ができればいかなる速度においても手を離して飛行できるようになる。

ADVERSE YAW　アドバース・ヨー
　飛行中、旋回している航空機の機首方向が旋回方向とは逆に向こうとする傾向をいう。これは、旋回している外側の翼に発生する誘導抗力が大きくなるためで、この結果揚力も増加してしまう。誘導抗力は旋回外側の翼が発生する揚力に伴って発生する副産物である。

AERODYNAMIC CEILING　航空力学的上昇限度

高度上昇に伴い減少する指示対気速度と、高度上昇に伴い増加する低速度バフェットが等しくなって、航空機の荷重倍数が1.0Gでの飛行、つまり水平飛行状態において、低速度バフェットが始まる高度をいう。

AERODYNAMICS　航空力学
　空気及び他の気体が物体にどのような影響を及ぼすのかを示す科学をいう。航空力学は、航空機が発生する揚力、相対風及び大気との関係を解析する。

AILERONS　エルロン
　航空機の主翼先端近くの後縁部に取り付けられている、主要な操縦装置をいう。エルロンは航空機の前後軸周りの動き、つまりロール方向の操縦を行う。

AIR START　エアー・スタート(飛行中のエンジン再始動)
　飛行中にフレームアウトし、停止してしまったジェット・エンジンを再始動させる操作をいう。

AIRCRAFT LOGBOOKS　航空機用飛行記録
　総飛行時間、実施した修理改造及び点検、該当する耐空性改善通報(AD)を実施した年月日等を記入する日誌をいう。機体、各エンジン及びプロペラの整備記録日誌にも必要事項を記入しなければならない。

AIRFOIL　翼型
　空気流の中で作動させると空力的な力を発生する主翼、プロペラ、方向舵及びトリム・タブ等の面をいう。

AIRMANSHIP　エアマンシップ
　飛行の原理をよく理解し、地上及び飛行中においても航空機を正しく操作する能力、並びに飛行の安全及び効率を最良にする能力と判断力をいう。

AIRMANSHIP SKILLS　エアマンシップ・スキル
　航空機を飛行させるために必要な調和の取れた操縦技術、操作タイミング及び速度感をいう。

AIRPLANE FLIGHT MANUAL(AFM)　エアープレーン・フライト・マニュアル(飛行規程)
　航空機製造会社が作成し、連邦航空局(FAA)の承認を受けた文書をいう。個々の型式の航空機、及び製造番号に該当する航空機の操作法並びに限界事項が記入されている。

AIRPLANE OWNER/INFORMATION MANUAL　航空機のオーナー用インフォメーション・マニュアル
　航空機製造会社が作成する文書で、該当する航空機に関する一般的な情報が含ま

れている。この航空機のオーナー用インフォメーション・マニュアルは特定の航空機を対象とする情報を含んでいないため、連邦航空局の承認を受ける必要はない。このマニュアルは最新の状態に改定されないので、AFM/POH の代わりに使用することはできない。

AIRPORT/FACILITY DIRECTORY　エアポート / ファシリティ・ディレクトリー
　航空機を飛行させるパイロットが使用できるように編集された重要な文書で、全ての公共用空港、水上機用基地、ヘリポート及びこれらに設置されている交信用周波数、航法援助用無線施設、特別な注意事項並びに飛行方式等が示されている。この出版物は、地域別にまとめた 7 部で構成されている。

AIRWORTHINESS　耐空性
　航空機が、その承認を受けている要件及び追加承認、並びに承認されている改造による耐空性を維持している状態をいう。航空機は年次点検、100 時間点検、飛行前点検、その他義務付けられている点検を行い、安全に飛行できる状態であることを確認しなければならない。

AIRWORTHINESS CERTIFICATE　耐空証明
　連邦規則集に示す耐空性に関する最低基準を満たしている全ての航空機に対し、連邦航空局が与える証明をいう。

AIRWORTHINESS DIRECTIVE　耐空性改善通報
　連邦航空局が、定期的に登録されている航空機の所有者に送付する文書で、耐空性を維持するために必要な整備作業等の事項が示されているものをいう。この耐空性改善通報 (AD：Airworthiness Directive) に示されている事項は、該当する作業等を設定されている期日までに、指示されている作業どおりに実施することが義務付けられていて、航空機整備記録に実施した作業内容及び期日を記入するよう義務付けられている。

ALPHA MODE OF OPERATION　アルファ・モードでの運転
　離陸してから着陸するまで、全ての飛行状態において運転されているターボプロップ・エンジンの状態をいう。アルファ・モードは、エンジン回転数 95 〜 100％で運転している状態が一般的である。

ALTERNATE AIR　非常用空気吸入口
　空気吸入口が詰まり、外気を吸入できなくなった場合、自動又は手動で開き、空気を吸入できるようにする装置をいう。

ALTERNATE STATIC SOURCE　非常用静圧口
　何らかの理由により、正常側静圧口が詰まった場合、これを手動で開き、代替位置から得てピトー静圧を使用する計器に供給する装置をいう。

ALTERNATOR/GENERATOR　オルタネーター / ジェネレーター
　エンジン出力を電力に変える装置をいう。

ALTIMETER　高度計
　気圧の変化を感知し、これを高度に変換して指示する飛行計器をいう。

ALTITUDE(AGL)　高度 (対地高度)
　航空機が飛行している地表面からの、実際の高度をいう。

ALTITUDE(MSL)　高度 (平均海面上高度)
　平均海面 (MSL) から、飛行している航空機までの高度をいう。

ALTITUDE CHAMBER　高度チャンバー
　内部を減圧し、高々度を再現できる装置をいう。この装置で、内部に入った人は与圧装置のない航空機で高々度を飛行した場合の生理状態を体験することができる。

ALTITUDE ENGINE　アルティテュード・エンジン
　レシプロ・エンジン航空機に装備されるエンジンで、離陸出力を海面上高度からある程度の高度まで維持できるエンジンをいう。

ANGLE OF ATTACK　迎え角
　翼型の翼弦線と相対風のなす角度をいう。

ANGLE OF INCIDENCE　取り付け角
　主翼の翼弦線と航空機の前後軸のなす角度をいう。

ANNUAL INSPECTION　年次点検
　承認を受けているすべての航空機に対し、連邦規則によって要求される、航空機の機体及びエンジンに必要な点検で、12 ヶ月毎に実施しなければならない。この年次点検は、A&P の資格を持ち、点検を実施する承認を受けている整備士のみが実施できる。

ANTI-ICING　防氷装置
　機体表面への着氷を防止するための装置をいう。防氷は、表面に水分が付着することを防止する熱、又は化学物質を使用して行われる。機体表面に付着してしまった氷を除去する除氷装置と防氷装置を混同してはならない。

ATTITUDE　姿勢
　航空機の 3 軸と一般的に参照している地球の水平線との関係で決定される航空機の位置をいう。

ATTITUDE INDICATOR　姿勢指示器

人工的な水平線とミニチュア・エアクラフトで、飛行している航空機の、実際の水平線との関係位置を示す計器をいう。この姿勢指示器は旋回方向を感知すると共に、水平線の上下に変化する機体のピッチ姿勢、つまり機首の移動方向も感知する。

AUTOKINESIS　随意運動
暗い背景の中にある一点の光を数秒間注視したために起こる状態をいう。この後、光自身が移動しているように見える状態になる。

AUTOPILOT　自動操縦装置
自動的に航空機を水平飛行させたり、選定したコースを維持させる装置をいう。オートパイロットはパイロットが入力操作でき、航法援助用無線施設とカップルさせることも可能である。

AXES OF AN AIRCRAFT　航空機の軸
航空機の重心を通る3つの仮想の線をいう。この3軸の交点を中心にして航空機は旋回する、と考えられる。重心位置を通過するこの3軸は、互いに90度の角度で交差する。機首から尾部に至る軸を前後軸 (Longitudinal axis) といい、主翼の翼端から反対側の翼端を通る軸を水平軸 (Lateral axis) といい、重心を上下垂直に通る軸を垂直軸 (Vertical axis) という。

AXIAL FLOW COMPRESSOR　軸流式コンプレッサー
タービン・エンジンに使用されるコンプレッサーの一種をいい、空気は一直線にこの内部を流れる。軸流式コンプレッサーは、ローターとステーターが交互に組み合わせてある数段のステージで構成されている。圧力比 (Compresssor ratio) は、減少する次のステージの面積によって決まる。

BACK SIDE OF THE POWER CURVE　馬力曲線のバック・サイド
高速で高度を維持して飛行するには出力を低下させ、低速にするには出力を増加させて高度を維持する飛行状態をいう。

BALKED LANDING　着陸断念
着陸するために進入していたが、着陸を断念することをいい、ゴー・アラウンド（復行）と同じである。

BALLAST　バラスト
重心位置を限界範囲内に調整するため、航空機に取り付ける、取り外し可能又は固定式の錘をいう。

BALLOON　バルーン
着陸時、フレアー操作が過大になり、機体が上昇する状態をいう。

BASIC EMPTY WEIGHT　基本空虚重量 (GAMA : General Aviation Manufacturers Association)

標準の空虚重量に任意装備品及び特別な装備品を加えた重量をいう。

BEST ANGLE OF CLIMB(V_X)　最良上昇角速度 (V_X)
　一定の水平距離の中で、その航空機が最も高度を獲得できる速度をいう。

BEST GLIDE　最良滑空速度
　エンジンが停止している状態で、最も降下の割合が少なく、最も遠方まで滑空できる速度をいう。

BEST RATE OF CLIMB(V_Y)　最良上昇率速度 (V_Y)
　最短時間内に、最も高度を獲得できる速度をいう。

BETA RANGE　ベータ・レンジ
　パワー・レバーをフライト・アイドル以下の位置にすると、パワー・レバーがプロペラ・ブレードの角度を調整する状態をいう。

BLADE FACE　ブレード・フェイス
　翼型の下面と似た、プロペラ・ブレードの平らな部分をいう。

BLEED AIR　ブリード・エアー
　タービン・エンジンのコンプレッサー・ステージで加圧され、ダクトとパイプを経由して流れる空気をいう。このブリード・エアーは防除氷装置、キャビンの与圧、冷房及び暖房装置に使用される。

BLEED VALVE　ブリード・バルブ
　タービン・エンジンに組み込まれている装置で、加圧された余分な高圧空気を大気中に放出するフラッパー・バルブ、ポップオフ・バルブ、ブリード・バンド等をいう。エンジンの加速又は減速時、エンジンを失速させないよう高圧空気を一部放出し、タービン・ブレードの迎え角を一定に保っている。

BOOST PUMP　ブースト・ポンプ
　燃料タンク内に設置される電動、遠心式の燃料ポンプをいう。始動時は燃料をエンジンに送り、エンジン駆動の燃料ポンプが故障した場合、これに替り燃料を加圧する。燃料を加圧し、燃料ライン内のベーパー・ロックを防ぐためにも使用される。

BUFFETING　バフェッティング
　空力的な機体構造、又は機体表面を乱流、突風などが叩く現象をいい、乱流や剥離した気流が、機体を揺らしたり振動させる。

BUS BAR　バス・バー：母線
　接点に接続されている、いくつかの電気回路に電力を供給する部分をいう。いくつかのターミナルが組み込まれた、金属製の帯状のものが多い。

BUS TIE　バス・タイ
　2本又はそれ以上のバス・バーを接続するスイッチをいう。一方のジェネレーターが故障し、バスに電力が供給されなくなった場合に使われる。このスイッチを閉じると、正常に作動しているジェネレーターから両方のバスに電力が供給される。

BYPASS AIR　バイパス・エアー
　ターボファン・エンジンの空気吸入口から入り、エンジン・コアをバイパスする空気をいう。

BYPASS RATIO　バイパス比
　ターボファン・エンジンのファン部分を通過した空気の質量 (lb/sec) とエンジンのガス・ジェネレーター部分を通過する空気の質量 (lb/sec) との比をいう。ポンド／秒で表す。

CABIN PRESSURIZATION　キャビン与圧
　航空機のキャビン内に圧力を加え、低い高度を飛行している状態と同じ状態に保ち、乗客が快適に過ごせるようにする装置をいう。

CALIBRATED AIRSPEED(CAS)　較正対気速度 (CAS)
　指示対気速度に、取り付け誤差及び計器誤差修正をした速度をいう。計器製造会社は速度誤差を最小限に抑えようとするが、航空機が飛行するすべての速度における誤差を無くすことは不可能である。ある速度、及びフラップをある角度下げた状態での取り付け誤差及び計器誤差は数ノットにすぎない。一般的に、この誤差は低速度域で最大となる。巡航中及び高速度で飛行している場合、指示対気速度と較正対気速度はほぼ等しくなる。速度誤差の修正は、速度修正表を参照にして行う。

CAMBERED　キャンバー
　翼の上面及び下面の曲線の状態をいう。翼上面のキャンバーは比較的高い曲線で、下面のキャンバーはかなり平面に近い曲線になっている。この結果、翼の上面近くを流れる空気は、下面に沿って流れる空気よりも速くなる。

CARBRETOR　キャブレター
　圧力式のキャブレターは、ハイドロメカニカル（流体と機械を組み合わせた装置）であり、外部と分離されているシステムで、燃料ポンプから噴射部分への圧力を使用しているものをいう。スロットル・ボディを通過する空気流により、固定されているジェットで燃料の量が計量され、その燃料を正圧の中に噴射する。圧力式のキャブレターはフロート式のキャブレターと異なり、開口部のあるフロートのある区画部や、ベンチュリー管内に組み込んである燃料放出管から燃料を噴き出させるための、負圧を発生させる構造部を装備していない。

　フロート式のキャブレターは、基本的にキャブレターを通過する、エンジンに吸い込まれる空気とこの吸入される空気内に、空気の流量に見合う燃料を噴射し、エ

ンジンのシリンダーに適正な燃料 / 空気の混合気を供給する装置をいう。

CARBURETOR ICE　キャブレターの凍結
　燃料が蒸発するために温度が低下し、キャブレター内部に氷が発生する現象をいう。この吸気系統の凍結は、燃料 / 空気の混合気を途切れさせてしまったり、燃料 / 空気の混合比を変化させてしまうので、運航上の危険性を有している。

CASCADE REVERSER　カスケード・リバーサー
　ターボファン・エンジンに装備されているスラスト・リバーサーをいい、ブロックするドアと、一定間隔 (Cascade) で設けてある偏向板 (Vane) で排気を前方に向かわせるようになっている。

CENTER OF GRAVITY(CG)　重心位置 (CG)
　機体を支える場合、航空機を平衡に保つことが可能になる仮想の点をいう。この点は航空機の重心位置、又は航空機の全重量が理論的に集中する位置である。この位置は基準面からインチで示す距離、又は平均空力弦 (MAC) の % で表示される。この重心位置は、航空機の重量配分によって違ってくる。

CENTER-OF-GRAVITY LIMITS　重心限界
　飛行中、航空機の重心位置は前方限界及び後方限界の範囲内になければならない。重心位置は航空機の装備状態によって変わってくる。

CENTER-OF-GRAVITY RANGE　重心位置の範囲
　重心位置の前方限界と後方限界間の長さをいう。個々の航空機の装備状態によって変わってくる。

CENTRIFUGAL FLOW COMPRESSOR　遠心式コンプレッサー
　インペラーの形状をした装置で、この中心部に流れた空気は外側に向かって流れながら速度を増加し、ディフューザーに入り、圧力を増加させる。外側に向かって流れるコンプレッサーともいわれる。

CHORD LINE　翼弦線
　翼型の前縁から後縁に至る仮想の直線をいう。

CIRCUIT BREAKER　サーキット・ブレーカー
　過大な電流が流れると開いて電流を阻止し、回路を保護する装置をいう。サーキット・ブレーカーは交換せずにリセットできる点がヒューズと異なる。

CLEAR AIR TURBULENCE　クリアー・エアー・タービュランス：晴天乱流
　目視できる水分、つまり雲がないにも関わらず発生する乱気流をいう。

CLMB GRADIENT　上昇勾配

飛行した距離と、その間に上昇した高度の割合をいう。

COCKPIT RESOURCE MANAGEMENT　コクピット・リソース・マネイジメント
　コクピット内の人（フライト・クルー）が犯す可能性のあるミスや操作ミスを減少させる目的で開発された技法をいう。間違いを犯しやすい人間について、どうすると間違いが起きてしまうのかを想定する、複雑なシステムで構成されている。

COEFFICIENT OF LIFT　揚力係数
　LIFT COEFFICIENT を参照すること。

COFFIN CORNER　コフィン・コーナー
　速度を増加させるとハイ・スピード・マック・バフェットが始まり、速度を低下させると低速度マック・バフェットが始まってしまう飛行状態をいう。

COMBUSTION CHAMBER　燃焼室
　中に噴射された燃料を燃焼させる、エンジンの部分をいう。

COMMON TRAFFIC ADVISORY FREQUENCY　コモン・トラフィック・アドバイザリー周波数
　航空機が、空港の周辺で自機の位置等を通報するために使用する共通の周波数をいう。

COMPLEX AIRCRAFT　複雑な構造の航空機
　引き込み脚、フラップ及び可変ピッチ・プロペラ、又はタービン・エンジンを装備する航空機をいう。

COMPRESSION RATIO　圧縮比
　レシプロ・エンジンの場合、ピストンが最も下にある下死点でのシリンダー内の容積と、ピストンが最も上に来る上死点での容積の比をいう。タービン・エンジンの場合、空気吸入口部分での圧力とコンプレッサー出口での圧力の比をいう。

COMPRESSOR BLEED　コンプレッサー・ブリード
　BLEED VALVE を参照すること。

COMPRESSOR BLEED AIR　コンプレッサー・ブリード・エアー
　BLEED AIR を参照すること。

COMPRESSOR SECTION　コンプレッサー・セクション
　エンジンに流れる空気の圧力を高くし、かつ密度を大きくするエンジン部分をいう。

COMPRESSOR STALL　コンプレッサー・ストール

ガス・タービン・エンジンの、数段で構成される軸流式コンプレッサーの1段又は数段のローター・ブレードが、空気をスムーズに次の段に流せなくなる状態をいう。エンジン回転数に見合う圧力比になっていないため、失速が始まってしまった、と考えられる。コンプレッサー・ストールが発生すると、排気温度が上昇したり回転数が変動するといった現象を伴い、この状態を続けているとフレームアウトやエンジン自体の破損を招く結果となることがある。

COMPRESSOR SURGE　コンプレッサー・サージ
　コンプレッサー全体が失速してしまった場合をいい、素早く回復させないとエンジンを激しく破壊する可能性がある。この状態になると空気の流れは停止してしまうか、又は逆方向へ流れてしまう。

CONDITION LEVER　コンディション・レバー
　タービン・エンジンの場合、エンジン出力の調整はエンジンに流れる燃料流量を調整して行っており、この調整を行うレバーをいう。コンディション・レバーは地上及び飛行に適する狭い範囲のエンジン回転数を適正な回転数に調整する場合に操作する。

CONFIGURATION　コンフィグレイション：形態
　ランディング・ギアとフラップの位置によって変わってくる機体の形をいい、一般的に使われる用語である。

CONSTANT SPEED PROPELLER　定速プロペラ
　可変式ピッチ・プロペラをいい、このピッチは飛行中、空力的な負荷が変化しても一定回転数を保つため、ガバナーにより変化する。

CONTROL TOUCH　コントロール・タッチ
　姿勢及び速度を変化させた場合、航空機はどのように変化するのか、コクピット内で操縦桿に伝わる舵面の圧力を感じとり、判断できる能力をいう。

CONTROLLABILITY　コントローラビリティ：操縦性
　パイロットの操縦操作に対し、航空機はどのように反応するのかを示す評価をいう。

CONTROLLABLE PITCH PROPELLER　可変ピッチ式プロペラ
　飛行中、コクピット内のコントロール装置を操作し、ブレードの角度を変更できるプロペラをいう。

CONVENTIONAL LANDING GEAR　通常のランディング・ギア
　機体後部に第3のホイールを装備するランディング・ギアをいう。このようなランディング・ギアを装備する航空機は、テイルホイール・エアープレーン(尾輪式航空機)とも呼ばれる。

用語集

COORDINATED FLIGHT　コーディネイテッド・フライト
　どのような飛行状態においても、操縦装置及び出力を正しく調整し、機体をスリップさせずスキッドもさせない飛行状態をいう。

COORDINATION　コーディネーション
　手足で操縦装置を正しく操作し、航空機を所望の姿勢で飛行させる能力をいう。

CORE AIRFLOW　コア・エアフロー
　ガス・ジェネレーター用として、エンジンに吸入される空気をいう。

COWL FLAPS　カウル・フラップ
　空冷エンジンのカウリング周辺に取り付けられている装置をいい、開または閉にしてエンジン周囲を流れる空気の量を調節する。

CRAB　クラブ
　横風に流されないよう航空機の機首を風上を向け、地上に描いた直線上を飛行している状態をいう。

CRAZING　クレージング
　太陽光の紫外線にさらされ、かつ高温によって航空機のウインドシールド又はウインドウに発生した細かい割れ目をいう。

CRITICAL ALTITUDE　臨界高度
　標準大気気象状態において、ターボチャージャーを装備するエンジンが定格出力を出せる最高の高度をいう。

CRITICAL ANGLE OF ATTACK　臨界迎え角
　速度、飛行高度又は重量に関係なく翼が失速してしまう迎え角をいう。

CRITICAL ENGINE　臨界発動機
　故障した場合、最も方向の維持に悪影響を及ぼすエンジンをいう。

CROSS CONTROLLED　クロス・コントロール
　ラダーを変化させている方向と、逆の方向にエルロンを操作している状態をいう。

CROSSFEED　クロスフィード
　双発機において、どちら側のエンジンにも、どの燃料タンクからでも燃料を供給できる燃料装置をいう。

CROSSWIND COMPONENT　横風成分
　滑走路の中心線に対し、90度横方向から吹いているように換算した風の成分をいい、ノットで示す。

CURRENT LIMITER　カレント・リミッター
　ジェネレーターの発生する出力を、ジェネレーター製造会社の定める定格に維持する装置をいう。

DATUM(REFERENCE DATUM)　デイタム：基準面
　全てのモーメント・アームを計測する際に基準とする、仮想の垂直面又は直線をいう。この基準面は航空機製造者が決定する。基準面が決まったなら、すべてのモーメント・アーム及び CG の位置はこの点から計測する。

DECOMPRESSION SICKNESS　減圧症
　高々度においては気圧が低いため、血液中の窒素が気泡になることをいい、激しい痛みを伴う。潜水病 (Bends) ともいわれる。

DEICER BOOTS　ディアイサー・ブーツ (除氷用ブーツ)
　翼の前縁部に取り付ける膨張式のゴム製ブーツをいう。一定時間ごとに膨張と収縮を繰り返し、表面に付着した氷を吹き飛ばす。

DEICING　ディアイシング (除氷)
　付着した氷を除去することをいう。

DELAMINATION　剥離
　空気流の層がはがれてしまう状態をいう。

DENSITY ALTITUDE　密度高度
　気圧高度を、標準気温との気温差で補正した高度をいう。標準大気気象状態の場合、気圧高度と密度高度は等しくなる。標準気温よりも高い温度の場合、密度高度は気圧高度よりも高くなる。逆に低い場合、密度高度は気圧高度よりも低くなる。航空機の性能に影響する重要な高度である。

DESIGNATED PILOT EXAMINER(DPE)　ディズグネイテッド・パイロット・イグザミナー
　パイロットの資格に関する実地試験を行うことができる、FAA に指名された人をいう。

DETONATION　デトネーション
　燃料と空気の混合気の圧力と温度が臨界に達したため、航空機のエンジンが突然熱エネルギーを放出してしまう現象をいう。スムーズな燃焼過程と異なり、デトネーションは爆発するような現象を伴う。

DEWPOINT　デューポイント：露点
　空気中に、これ以上水分を保てなくなってしまう温度をいう。

DIFFERENTIAL AILERONS　ディファレンシャル・エルロン
　上に操作する量より、下に操作する量の方が舵角が小さくなるエルロンの操舵面をいう。エルロンを上に操作するとより大きな有害抗力を作りだし、下げた場合に発生する誘導抗力を補っている。抗力を釣り合わせることでアドバース・ヨーを最小限に抑える働きをしている。

DIFFUSION　拡散
　空気の流速を減少させると、圧力が高くなる状態をいう。

DIRECTIONAL STABILITY　方向安定
　定常飛行している航空機の姿勢が何らかの外力によって乱された場合、機体が元の飛行状態に戻ろうとするのか、乱された位置に留まろうとするのか、又はさらに乱れを大きくしようとするのか、その航空機の垂直軸周りの運動をいう。この方向安定性は、航空機を相対風と同じ方向に向かせようとする垂直安定板が作り出している。

DITCHING　ディッチング：不時着水
　水面への緊急着水をいう。

DOWNWASH　ダウンウォッシュ
　翼型の垂直方向へ流れる空気流をいう。

DRAG　ドラッグ：抗力
　物体に作用する空気力学的な力で、相対風と平行で、かつ逆方向に作用する力をいう。航空機の相対運動に対する大気の抵抗力である。ドラッグ(抗力)はスラスト(推力)と逆方向に作用し、航空機の速度を制限する。

DRAG CURVE　ドラッグ・カーブ：抗力曲線
　航空機の速度変化により発生する抗力を、目視できるようにしている曲線をいう。

DRIFT ANGLE　ドリフト・アングル：偏流角
　機首方位と航跡が作る角度をいう。

DUCH ROLL　ダッチ・ロール
　ローリングとヨーイングを組み合わせた動揺をいい、航空機の上反角効果が方向安定性を上回った状態になると発生する。通常動的には安定しているが、航空機にとって好ましくない動揺である。

DUCTED-FAN ENGINE　ダクテッド-ファン・エンジン
　円筒内にプロペラを持つ、エンジンとプロペラを組み合わせたエンジンをいう。円筒内にプロペラが入っているので、プロペラ効率は大きくなる。

DYNAMIC HYDROPLANING　ダイナミック・ハイドロプレーニング
　タイヤのトレッドより深い水溜まりが存在する滑走路面に着陸した場合に発生する現象をいう。ブレーキを操作すると、ブレーキはロックしてしまい、タイヤは水上スキーのように水面上を滑ってしまう。タイヤがハイドロプレーニング現象を起こすと、機体方向の操作、及びブレーキ操作はできなくなってしまう。有効に作動するアンチ‐スキッド・システムは、このハイドロプレーニング現象を最小限に抑えてくれる。

DYNAMIC STABILITY　動安定
　水平直線飛行している航空機に何らかの外力が加わり、その姿勢が乱された後、その航空機がどのように元の水平飛行状態に戻ろうとするのかをいう。

ELECTRICAL BUS　エレクトリカル・バス
　BUS BAR を参照すること。

ELECTROHYDRAULIC　エレクトロハイドロリック
　電気的に作動され、作動油でコントロールされる装置をいう。

ELEVATOR　エレベーター・昇降舵
　航空機の尾部にある、水平に配置され、航空機の姿勢を変化させる重要な舵面をいう。

EMERGENCY LOCATOR TRANSMITTER　エマージェンシー・ロケーター・トランスミッター
　小型で無線機を内蔵している送信装置を言い、墜落時の衝撃を受けると自動的に作動を開始し、緊急用無線信号を 121.5、234.0 又は 406.0Mhz で送信する。

EMPENNAGE　エンペナジー
　垂直安定板、水平安定板及び各舵面で構成される、航空機の尾部をいう。

ENGINE PRESSURE RATIO(EPR)　エンジン・プレッシャー・レシオ (EPR)
　タービン出口圧力をコンプレッサーの入口での圧力で割った数値をいい、タービン・エンジンの発生する推力を示す目的に使用される。

ENVIRONMENTAL SYSTEMS　空調装置
　高高度においても乗員乗客が正常に活動できることを可能にする、補助酸素装置、暖房装置及び与圧装置を含む航空機の装置をいう。

EQUILIBRIUM　釣り合い
　物体に加わる全ての力のモーメントを合計すると、ゼロになる状態をいう。航空力学的には、航空機に加わる力が釣り合っている状態をいう (加速を伴わない定常の飛行を意味する)。

EQUIVALENT SHAFT HORSEPOWER(ESHP)　相当軸馬力
　ジェット推力を含むターボプロップ・エンジンの全馬力を計測したものをいう。

EXHAUST　排気口
　タービン・エンジンの後部にある、燃焼ガスを放出する開口部をいう。開口部のサイズは、エンジンの排出する排ガスの密度及び速度によって決まり、このノズルはオリフィスの働きもする。

EXHAUST GAS TEMPERATURE(EGT)　排気温度
　レシプロ・エンジンのシリンダーから排出されたガスの温度、又はタービン・エンジンのタービンを出たガスの温度をいう。

EXHAUST MANIFOLD　排気マニュホールド
　各シリンダーから出た排気をまとめる部分をいう。

FALSE HORIZON　偽の水平線
　高速道路沿いにある灯火の列、又は他の直線を水平線とパイロットが錯覚してしまう、光学的な現象をいう。

FALSE START　始動失敗
　HUNG START を参照すること。

FEATHERING PROPELLER(FEATHERED)　フェザリング・プロペラ(フェザード)
　可変式ピッチ・プロペラのプロペラ・ブレードのピッチを飛行方向と同じにして抗力を減少させ、かつ故障したため停止させたエンジンの破損を防止する状態をいう。

FIXATION　フィクセーション：一点集中
　一つの物事にのみ注意を集中して、他のことに全く注意を払わず、無視してしまうパイロットの心理状態をいう。

FIXED SHAFT TURBOPROP ENGINE　フィクスド・シャフト・ターボプロップ・エンジン
　ガス・プロデューサー・スプールが直接出力軸に固定されているターボプロップ・エンジンをいう。

FIXED-PITCH PROPELLERS　固定ピッチ・プロペラ
　ブレードの角度が固定されているプロペラをいう。固定ピッチ・プロペラは上昇、巡航及び標準の使用に適するよう、設計されている。

FLAPS　フラップ
　主翼後縁部で、エルロンと胴体の間にヒンジで取り付けられている部分をいう。

エルロンとフラップが結合され、フル‐スパン・フラッペロン (Flaperons) として作動する構造を装備する航空機もある。どちらのフラップも、操作すると主翼の発生する揚力、抗力を変化させる。

FLAT PITCH　フラット・ピッチ
　プロペラ・ブレードの翼弦線を回転方向と同じ位置に変えた状態をいう。

FLICKER VERTIGO　フリッカー・バーティゴ
　プロペラのブレードによって周期的に遮られ光がちらついて、これを見て錯覚を起こしてしまう状態をいう。

FLIGHT DIRECTOR　フライト・ディレクター
　自動操縦装置を使用して自動的に航空機を飛行させる場合、電気的に飛行計器に組み込んである指示、つまりコマンドを示す計器をいう。このコマンドどおりにパイロットは自分で操縦することも可能であり、自動操縦装置を使用しているなら信号をサーボに送り、飛行状態をコマンド通りに維持する。

FLIGHT IDLE　フライト・アイドル
　飛行に必要な最小のスラスト、70 ～ 80% のエンジン運転状態をいう。

FLOATING　フローティング
　着陸時、速度が多すぎるため滑走路上で浮き上がってしまい、航空機が接地しない状態をいう。

FORCE(F)　力
　物体の方向、速度又は動きを変えるため、物体に加えるエネルギーをいう。航空力学では F で示し、T は推力、L は揚力、重量は W、抗力は D で示され、通常単位はポンドで示される。

FORM DRAG　形状抗力
　有害抗力の一部で、機体表面に加わる静圧よって発生するものをいい、抗力と同じ方向に作用する。

FORWARD SLIP　フォワード・スリップ
　航空機が、スリップ開始前の方向を維持しながらスリップさせる飛行状態をいう。フォワード・スリップしている場合、航空機の前後軸は、その飛行経路と一致している。

FREE POWER TURBINE ENGINE　フリー・パワー・タービン・エンジン
　ガス・プロデューサー・スプールが、出力軸とは別の軸に固定されているターボプロップ・エンジンをいう。フリー・パワー・タービンはガス・プロデューサーとは別に、独自に回転し、出力軸を駆動する。

FRICTION DRAG　摩擦抗力
　有害抗力の一部で、機体表面と空気の摩擦によって発生する抗力をいう。

FRISE-TYPE AILERON　フライズ - タイプ・エルロン
　エルロンの先端部がヒンジ・ラインより前方に位置するエルロンをいう。エルロンの後縁部が上に移動すると、先端部分は主翼の下面より下になり、ある程度の有害抗力を発生し、アドバース・ヨーを軽減する。

FUEL CONTROL UNIT　燃料コントロール・ユニット
　タービン・エンジンに使用される燃料を計量する装置を言い、適正な量の燃料を燃焼室に流す。このユニットには、コクピットのパワー・コントロール・レバーの位置によって変化し、吸入する空気の温度、コンプレッサー回転数、コンプレッサー出口圧力及び排気温度の各パラメーターが統合されている。

FUEL EFFICIENCY　燃料効率
　推力又は出力を発生するために使用された燃料の量と、その量の燃料の持つ総発熱量の比をいう。

FUEL HEATERS　燃料ヒーター
　コア部分を燃料が通過する、ラジエターと似た装置である。この装置で熱交換を行うため、通過する燃料は水の凍結する温度より高く保たれ、燃料装置内の燃料の流れを妨げる氷晶の発生を防ぐ。

FUEL INJECTION　燃料噴射装置
　一部のレシプロ・エンジン航空機が装備している燃料を計量する装置で、すべてのシリンダーのヘッド部の吸入バルブのすぐ外側に取り付けてある燃料噴射ノズルに、常に一定の燃料を供給する装置をいう。高圧の燃料をシリンダーの燃焼室に順次送り、噴霧する直接噴射装置とは異なっている。

FUEL LOAD　消費荷重
　飛行中に消費されてしまう航空機の荷重をいう。これには使用可能燃料が含まれるが、燃料ライン内の燃料及びタンクのサンプ内の燃料、つまり使用不能燃料は含まれない。

FUEL TANK SUMP　燃料タンクのサンプ
　燃料タンク内の燃料は汚れていないかをパイロットが点検するため、燃料タンクの最も低い位置に設けられている装置をいう。

FUSELAGE　胴体部
　キャビン、又はコクピット、乗客用の座席及び航空機の操縦系統が組み込まれている部分をいう。

GAS GENERATOR　ガス・ジェネレーター
　ガス・タービン・エンジンが出力を発生させる部分をいい、これには空気吸入用ダクト、ファン、フリー・パワー・タービン及び排気口は含まれない。エンジン製造会社ではガス・ジェネレーターに含まれる部分を独自に決定しているが、通常、コンプレッサー、ディフューザー、燃焼室つまりコンバスターとタービンで構成される。

GAS TURBINE ENGINE　ガス・タービン・エンジン
　熱機関の一つで、燃料を燃焼させて圧縮された空気にエネルギーを与え、これを加速し、エンジン外部に放出する。エネルギーの一部はコンプレッサーを回転させ、これ以外のエネルギーは燃焼ガスを加速し、推力を発生する。またこのエネルギーは、ターボプロップ機のプロペラを回転させたり、ヘリコプターのローターを回転させるトルクになる。

GLIDE RATIO　滑空比
　エンジン出力なしで飛行している状態で低下する高度と、飛行した距離の比をいう。

GLIDEPATH　グライドパス
　着陸するためにアプローチしている航空機の降下角と、地上の航跡との相互関係をいう。

GLOBAL POSITION SYSTEM(GPS)　グローバル・ポジション・システム
　航法用衛星の無線信号を元に、位置や航法情報を提供する基準システムをいう。

GO-AROUND　ゴー・アラウンド：復行
　着陸するため進入していたが、着陸を中断する状態をいう。

GOVERNING RANGE　ガバニング・レンジ
　飛行中、プロペラ・ガバナーがピッチを変化させることができる範囲をいう。

GOVERNOR　ガバナー
　回転速度を最大値以下に調整する装置をいう。

GROSS WEIGHT　最大重量
　燃料、オイル、クルー及び乗客を搭載した航空機の総重量をいう。

GROUND ADJUSTABLE TRIM TAB　グランド・アジャスタブル・トリム・タブ
　舵面に取り付けてある、飛行中には調整できない金属製のタブをいう。舵面の操作力を軽減するため、地上でどちらか一方に曲げるタブである。

GROUND EFFECT　グランド・イフェクト：地面効果

航空機が地表面近くを飛行している場合、性能を向上させてくれる現象をいう。航空機の翼が地面効果を受けると、アップウォッシュ及びダウンウォッシュは減少し、ウイングチップ・ボルテックス（翼端渦）も減少する。翼端渦が減少するため、誘導抗力も減少する。

GROUND IDLE　グランド・アイドル
　ガス・タービン・エンジンを地上で運転している場合、その回転数が最大回転数の60〜70％になっている状態をいう。

GROUND LOOP　グランド・ループ
　地上で、航空機の機首方向がなんの操舵もしないのに、急激に変化してしまう状態をいう。

GROUNG POWER UNIT(GPU)　グランド・パワー・ユニット(GPU)
　航空機のエンジンを始動させる場合に使用する小型ガス・タービンで、電力及び空気圧を供給する装置をいう。必要時には、常に航空機に接続することができる。航空機に搭載されているオギジャリー・パワー・ユニットとよく似ている。

GROUND SPEED(GS)　グランド・スピード(GS)：対地速度
　地表面上空を飛行している航空機の、実際の速度をいう。真対気速度を風向風速で補正した速度である。向かい風の中を飛行すると対地速度は遅くなり、追い風を受ける場合には増加する。

GROUND TRACK　グランド・トラック：地上の航跡
　航空機が飛行する地上の経路をいう。

GUST PENETRATION SPEED　ガスト・ペネトレーション・スピード：乱気流通過速度
　高速度側及び低速度側マック・バッフェットに最も余裕のある速度をいう。

GYROSCOPIC PRECESSION　ジャイロスコピック・プレセッション：ジャイロの歳差運動
　回転している物体に力を加えると、その効果は回転方向から90度遅れた位置に発生する状態をいう。

HAND PROPPING　ハンド・プロッピング
　手でプロペラを回転させ、エンジンを始動させる状態をいう。

HEADING　ヘディング：機首方位
　飛行中、航空機の機首が示す方位をいう。

HEADING BUG　ヘディング・バグ

回転させ、特定の方位に移動できるヘディング・インディケーターのマーカーをいい、これを機首方位の参照にしたり、オートパイロットにこの方位で飛行するコマンドを与えるものである。

HEADING INDICATOR　ヘディング・インディケーター
　機体の動きを感知し、機首方位を360度表示する計器をいう。ディレクショナル・ジャイロとも呼ばれるヘディング・インディケーターは、マグネチック・コンパスの情報を使用する計器である。様々な力が加わるため、指示の読みにくいマグネチック・コンパスとは異なり、ヘディング・インディケーターはこのような影響を受けない。

HEADWIND COMPONENT　向かい風成分
　航空機の飛行方向から吹いてくる風向風速成分をいう。

HIGH PERFORMANCE AIRCRAFT　ハイ・パフォーマンス・エアクラフト：高性能航空機
　出力200馬力以上のエンジンを装備する航空機をいう。

HORIZON　ホライゾン：水平線
　地表面と空を区切る線をいう。

HORSEPOWER　ホースパワー：馬力
　ジェームス・ワットが作り出した言葉で、仕事をするため1秒間に何頭の馬が従事したのかを示す。1馬力の仕事量は550フィート‐ポンド/秒、又は33,000フィート‐ポンド/分に相当する。

HOT START　ホット・スタート
　ガス・タービン・エンジンの始動時、エンジンは正常に回転し始めたものの、排気温度が限界値を超過してしまった状態をいう。通常、この現象は燃焼室内の混合気が濃すぎた場合に発生する。エンジンの破損を防ぐため、直ちにエンジンへの燃料供給を停止させる必要がある。

HUNG START　ハング・スタート
　ガス・タービン・エンジンの始動時、点火は正常だったものの、このあと回転数が正常なアイドル回転数まで増加せず、低回転のままになっている状態をいう。スターターからの出力が不十分な場合、この状態は起こりやすい。エンジンがハング・スタートしたなら、直ちに停止させるべきである。

HYDRAULICS　ハイドロリック：流体力学
　非圧縮性流体に圧力を加え、出力を伝達する方法を分析する科学の一分野をいう。

HYDROPLANING　ハイドロプレーニング

タイヤの溝（トレッド）より深い水たまりの存在する場所に着陸した場合に発生する現象をいう。ブレーキを操作するとブレーキはロックしてしまい、タイヤは水面上を水上スキーのように滑ってしまう可能性もある。タイヤがハイドロプレーニング現象を起こすと、方向の操縦及びブレーキの効果は失われてしまう。正常に作動するアンチ・スキッド装置を装備していると、ハイドロプレーニング現象の影響を最小限にすることが可能である。

HYPOXIA　ハイポキシャ
　人間の体組織に十分な酸素が供給されなくなった状態をいう。

IFR(INSTRUMENT FLIGHT RULES)　IFR(計器飛行方式)
　VFR気象条件の最低値以下での飛行を行うため、一定の規則を設け、これを規制する飛行方式をいう。"IFR"の用語は、気象条件を示す他、航空機が飛行する方式をフライト・プランに明記するためにも使用される。

IGNITER PLUGS　イグナイター・プラグ
　タービン・エンジンを始動する場合に用いられ、そのスパークで燃焼を開始させる電気的な装置をいう。イグナイターはスパーク・プラグ、グロー・プラグと似ているが、グロー・プラグはコイル状の抵抗線を持ち、この中を通る電流でグローを高温にし、赤色化させる点が異なっている。

IMPACT ICE　インパクト・アイス
　飛行中、主翼及び各舵面、キャブレターのヒート・バルブ、空気吸入口内の壁面及びキャブレター自体にも着氷の起こる可能性があり、この着氷をいう。このインパクト・アイスはキャブレターの燃料計量部分に付着し作動不能にさせ、キャブレターへの燃料を停止させてしまう可能性もある。

INCLINOMETER　インクリノメーター：傾斜計
　曲げたガラス管でできている計器で、内部にはガラス製のボールとケロシンと似た液体がボールを安定させるために入っている。この計器は機体の姿勢が水平かどうかの状態を指示するとともに旋回計としても使用され、旋回中、重力と遠心力の関係を指示してくれる。

INDICATED AIRSPEED(IAS)　インディケイテッド・エアスピード：指示対気速度(IAS)
　速度計が指示している速度をいう。この速度は大気の密度変化、計器の取り付け誤差、及び計器の指示誤差を補正していない。航空機製造会社はこの速度をもとにして航空機の性能を決定している。AFM及びPOH内に示されている離陸、着陸、及び失速速度は、高度と温度が変化しても変わらないこの指示対気速度で示されている。

INDICATED ALTITUDE　インディケイテッド・アルティテュード：指示高度
　現在の気圧規正値にした高度計(補正していない)が指示する高度をいう。

INDUCED DRAG　誘導抗力
　　全抗力の一部で、揚力が発生するために生じる抗力をいう。誘導抗力は速度が低下すると大きくなる。

INDUCTION MANIFOLD　インダクション・マニュフォールド
　　吸入した空気を各シリンダーに送るエンジン部分をいう。

INERTIA　イナーシァ：慣性力
　　物体が動きを変化させた場合、その反対側に作用する力をいう。

INITIAL CLIMB　イニシャル・クライム：初期上昇
　　航空機が地面を離れ、上昇するピッチ姿勢にし、離陸地点から遠ざかる状態をいう。

INTEGRAL FUEL TANK　インテグラル燃料タンク
　　航空機の構造にもよるが、通常は翼の内部構造に漏れ止め加工し、燃料タンクにすることをいう。このように翼内の構造を燃料タンクにしている状態を、ウエット・ウイングと呼ぶ。

INTERCOOLER　インタークーラー
　　燃料計量装置に入る前に、圧縮された空気の温度を冷却する装置をいう。冷却された空気の密度は大きくなり、エンジンはより高出力での運転を可能になる。

INTERNAL COMBUSTION ENGINES　内燃機関
　　エンジン内の空気と燃料の混合気を燃焼させ、高温になった燃焼ガスを膨張させ、出力に変えるエンジンをいう。スティーム・エンジンは石炭でエンジン内の水を加熱するので、外部燃焼機関という。

INTERSTAGE TURBINE TEMPERATURE(ITT)　インターステージ・タービン・テンペラチャー (ITT)
　　高圧タービンと低圧タービン間の燃焼ガスの温度をいう。

INVERTER　インバーター
　　DC（直流）を交流（AC）に変換する電気装置をいう。

ISA(INTERNATIONAL STANDARD ATMOSPHERE)　国際標準大気 (ISA)
　　海面上において気温 59°F(15℃)、大気圧 29.92in.Hg(1013.2mb) の標準大気をいう。様々な高度における標準大気は、1,000 フィート上昇するにつれ、約 2℃の気温逓減率をもとに計算することができる。

JET POWERED AIRPLANE　ジェット機
　　ターボジェット又はターボファン・エンジンで飛行する航空機をいう。

KINESTHESIA　キネシーザ
　運動感覚をいう。

LATERAL AXIS　横軸
　航空機の重心位置を通り、航空機の主翼翼端から反対側の翼端を結ぶ、仮想の線をいう。

LATERAL STABILITY(ROLLING)　ラテラル・スタビリティー(ローリング)
　航空機の前後軸周りの安定性をいう。ローリング・スタビリティーが乱れた場合、又はどちらかの主翼が気流で乱された場合、航空機がどのようにして水平姿勢に戻ろうとするのか、その能力をいう。

LEAD-ACID BATTERY　鉛バッテリー
　各セル内に鉛を陰極に、過酸化鉛のプレートを陽極にもつ一般的なバッテリーをいう。硫酸と水が電解液となっている。

LEADING EDGE　リーディング・エッジ：前縁
　最初に空気が当たる翼の部分をいう。

LEADING EDGE DEVICES　前縁装置
　翼の前縁にある高揚力装置をいう。固定式のスロット、可動式スロット及び前縁フラップが一般的である。

LEADING EDGE FLAP　リーディング・エッジ・フラップ：前縁フラップ
　航空機の主翼前縁部に取り付けてある装置をいい、下に下げるとキャンバーは大きくなり、揚力と抗力を増加させる。前縁フラップは離着陸時に下げ、あらゆる速度域においても、空力的に発生する揚力を増加させる。

LICENSED EMPTY WEIGHT　空虚重量
　空虚重量は機体、エンジン、使用不能燃料、抽出不能オイル、装備品リストに示されている標準装備品及び任意装備品を含む重量をいう。航空機製造会社によっては、GAMAが標準化する以前よりこの用語を使用している。

LIFT　リフト：揚力
　航空機に作用する4つの力の1つをいう。固定翼航空機の場合、主翼上面と下面に沿って流れる空気によって発生する力をいう。

LIFT COEFFICIENT　揚力係数
　翼型の発生する揚力を示す係数をいう。揚力係数は、揚力を空気流の動圧及びその面積で割った値となっている。

LIFT/DRAG RATIO　揚/抗比

翼の効率を示す値をいう。ある迎え角における揚力係数と効力係数の比である。

LIFT-OFF　リフト‐オフ：浮揚
　主翼に発生する揚力が増加し、機体を滑走面から浮揚させる状態をいい、パイロットは機首上げ姿勢にし、上昇するため迎え角を大きくする。

LIMIT LOAD FACTOR　制限荷重倍数
　航空機の機体構造が損傷、又は破壊することなく耐えうる応力、あるいは荷重倍数をいう。

LOAD FACTOR　荷重倍数
　航空機の主翼が支えることのできる荷重と、実際の航空機の重量の比をいう。G荷重とも言われる。

LONGITUDINAL AXIS　前後軸
　重心を通り航空機の機首と尾部を結ぶ仮想の線をいう。航空機の前後軸は、ロール軸ともいわれる。エルロンを操作すると航空機はこの前後軸を中心にして回転運動をしようとする。

LONGITUDINAL STABILITY(PITCHING)　縦安定(ピッチング)
　水平軸周りの安定性をいう。機体に何らかの変化が生じた後、元の釣りあった飛行状態に戻ろうとする傾向が望ましい。

MACH　マック
　音速で表す速度をいう。マック1は音速を示す。

MACH BUFFET　マック・バフェット
　翼表面の空気流が音速を超えたため、衝撃波の後方で剥離が起こる状態をいう。

MACH COMPENSATING DEVICE　マック軽減装置
　航空機に定められている最大速度を不意に超過することを防ぐため、パイロットに警告を与える装置をいう。

MACH CRITICAL　臨界マック
　主翼面上を流れる空気流がマック1に達する速度をいう。この速度は、航空機に衝撃波が発生し始める速度でもある。

MACH TUCK　マック・タック
　後退翼航空機が、遷音速で飛行している時に発生する現象をいう。主翼の付け根部分に衝撃波が発生し、この部分の後方の空気流に剥離が始まる。この衝撃波による剥離は、風圧中心を後方に移動させる。この結果、航空機は機首を下げようとする力が大きくなり、機首を下げた姿勢のまま高速で飛行し続け、この状態を"タック"

という。この状態から回復させないと、航空機は大きな降下角で降下し続け、回復不能のダイブに陥ってしまう場合もある。

MAGNETIC COMPASS　マグネチック・コンパス：磁気コンパス
　磁北極からの方位を示す機器をいう。

MAIN GEAR　メイン・ギア
　大部分の航空機重量を支える機体のランディング・ギアのホイールをいう。

MANEUVERABILITY　マニューバビリティ：運動性
　航空機が、過大な応力を機体に加えることなく、ある飛行経路から別の方向に変えることのできる能力をいう。

MANEUVERING SPEED(V_A)　マニューバリング・スピード(V_A)：設計運動速度
　操縦装置を荒く、かつ急激に操作しても機体に過度の応力を加えることのない最大速度をいう。

MANIFOLD PRESSURE(MP)　マニュホールド・プレッシャー：吸気圧力
　吸気マニュホールド内の、燃料／空気混合気の絶対圧力をいい、通常、水銀柱インチ (In Hg) の単位で示される。

MAXIMUM ALLOWABLE TAKEOFF POWER　許容最大離陸出力
　エンジンに許容される最大出力をいい、通常、１分間に制限されている。

MAXIMUM LANDING WEIGHT　最大着陸重量
　着陸時、航空機に許容されている最大の重量をいう。

MAXIMUM RAMP WEIGHT　最大ランプ重量
　燃料を満載した航空機の総重量をいう。ランプでの作業及びタクシー中に消費される燃料を含んでいるので、離陸重量よりも重くなっている。ランプ重量はタクシー重量ともいわれる。

MAXIMUM TAKEOFF WEIGHT　最大離陸重量
　離陸に承認される最大重量をいう。

MAXIMUM WEIGHT　最大重量
　承認された、航空機の型式証明文書 (TCDS：Type Certificate Data Sheet) に示されている、航空機及び全ての装備品を含む重量をいう。

MAXIMUM ZERO FUEL WEIGHT(GAMA)　最大ゼロ燃料重量
　使用可能燃料を含まない最大重量をいう。

MINIMUM CONTROLLABLE AIRSPEED　最小操縦速度
　迎え角を大きくするとか、荷重倍数を増加させたり、出力を減少させると直ちに失速してしまう速度をいう。

MINIMUM DRAG SPEED(L/D_{MAX})　最小抗力速度
　全抗力曲線で、揚抗比が最大になる点をいう。この速度では全抗力が最小になる。

MIXTURE　ミクスチャー
　エンジンのシリンダーに入る燃料と空気の比をいう。

M_{MO}　最大運用マック
　音速で示す最大運用速度をいう。

MOMENT　モーメント
　物体の重さにアームをかけた値をいう。モーメントはポンド - インチ (lb-in) で表される。全モーメントは航空機の重量に基準面から CG までの距離をかけた値になる。

MOMENT ARM　モーメント・アーム
　基準面から力の加わる点までの距離をいう。

MOMENT INDEX(OR INDEX)　モーメント・インデックス (又はインデックス)
　モーメントを 100、1,000 又は 10,000 で割った数値をいう。このモーメント・インデックスを使用する理由は、航空機に大きな重量物を長いアーム位置に搭載するような場合、大きな桁を簡単な数値に置き換えるためである。

MOVABLE SLAT　可動スラット
　主翼の前縁部にある、可動式の補助翼をいう。飛行中、通常は閉じているが迎え角が大きくなると前方にせり出してくる。この装置により、翼上面の空気流は正常に保たれ、空気流の剥離も遅くなる。

MUSHING　マッシング
　低速度で飛行しているため、かろうじて操舵面が有効に作動している飛行状態をいう。

N_1、N_2、N_3
　％で示すスプールの回転数をいう。ターボプロップ・エンジンの N_1 はガス・プロデューサー回転数を示す。ターボファン・エンジン又はターボジェット・エンジンの場合、N_1 はファンの回転数、又はロウ・プレッシャー・スプールの回転数を示す。2 スプールを持つエンジンの場合、N_2 はハイ・プレッシャー・スプールの回転数を、そして 3 スプールを持つエンジンの場合、中間のプレッシャー・スプールの回転数を示し、N_3 はハイ・プレッシャー・スプールの回転数を示す。

NACELLE　ナセル
　航空機に装備されているエンジンを、流線型になるように覆っているカバーをいう。プロペラ双発機の場合、通常ナセルは主翼前縁に取り付けられている。

NEGATIVE STATIC STABILITY　負の静安定
　釣り合っている飛行状態に何らかの乱れが生じた場合、元の飛行状態から遠ざかってしまう状態をいう。

NEGATIVE TRQUE SENSING(NTS)　ネガティブ・トルク・センシング
　ターボプロップ・エンジンの装置で、プロペラによってエンジンが駆動されないように防いでいるものをいう。プロペラがエンジンを駆動しようとすると、NTS はプロペラのブレード角度を増加し、この状態を防ぐ。

NEUTRAL STATIC STABILITY　中立の静安定
　釣り合っていた飛行状態が乱れ、機体が変位してしまった場合、その変位した位置を保とうとする状態をいう。

NICKEL-CADMIUM BATTERY(NICAD)　ニッケル・カドミウム・バッテリー（ニッカド）
　セルになっているアルカリ式バッテリーをいう。陽極は水酸化ニッケルで、陰極は水酸化カドミウムになっていて、電解液は水酸化カリウムである。

NORMAL CATEGORY　N 類航空機
　パイロット用の座席を除き、9 席又はこれより少ない乗客用の座席を装備し、承認されている最大離陸重量 12,500 ポンド以下で、曲技飛行を目的としない航空機をいう。

NORMALIZING(TURBONORMALIZING)　ノーマライジング(ターボノーマライジング)：臨界高度
　ターボチャージャーが、吸気マニュホールドに海面上高度での気圧を供給できる最大高度をいう。

OCTANE　オクタン
　航空機用ガソリンの、デトネーションを起こさない状態を示す等級をいう。

OVERBOOST　オーバーブースト
　レシプロ・エンジンで製造会社の許容する最大吸気圧を超過する状態をいう。エンジンの破損に結びつく可能性がある。

OVERSPEED　オーバースピード：過回転
　製造会社が推奨する回転数以上でエンジンを運転してしまう状態、又はプロペラのコントロールで設定したエンジン回転数以上で回転してしまう状態をいう。

OVERTEMP　オーバーテンプ
　航空機の装置が、製造会社の承認している限界温度以上に達してしまっている状態をいい、排気温度が運転状態によって認められている限界温度、又は限界時間以上に達してしまった状態をいう。エンジン内部の破損を起こす可能性がある。

OVERTORQUE　オーバートルク
　エンジンが、製造会社の承認する最大トルク(又は出力)を超過した出力を出してしまった状態をいい、ターボプロップ・エンジン又はターボシャフト・エンジンが、許容されている運用状態又は時間を超過して運転された状態をいう。

PARASITE DRAG　有害効力
　全抗力のうち、航空機の形状によって発生する抗力をいう。速度が増加すると有害抗力も増加する。

PAYLOAD(GAMA)　有効搭載量
　乗客、貨物及び手荷物の重量をいう。

P-FACTOR　Pファクター
　下方向に向かおうとする右側のプロペラ・ブレードは、上に向かおうとする左側のブレードより多くのスラストを発生するため、機首を左方向に向けようとする傾向をいう。この状態は、相対風に対し機体の前後軸が上昇姿勢になった場合に発生する。反時計方向に回転するプロペラを装備している航空機の場合、Pファクターは右に作用する。

PILOT'S OPERATING HANDBOOK(POH)　パイロット・オペレーティング・ハンドブック(POH)
　航空機製造会社が作成した文書で、連邦航空局(FAA)の承認を受けたエアープレーン・フライト・マニュアル(AFM)内の情報が含まれている。

PISTON ENGINE　ピストン・エンジン
　エンジン内のピストンが往復運動をする発動機をいう。

PITCH　ピッチ
　航空機が水平軸よりどの程度機首を上げているかの角度をいう。プロペラの場合、回転面とブレードのなす角度をいう。

PIVOTAL ALTITUDE　ピボー高度
　航空機が任意の対地速度で旋回する場合、地上に選定した目標を常に翼端に見えるようにしておける高度をいう。

PNEUMATIC SYSTEMS　ニューマティック・システム
　作動油の代わりに圧縮空気でランディング・ギア、ブレーキ及びフラップを作動

させるシステムをいう。

PORPOISING　ポーポイジング
着陸時、航空機が前後軸周りに動揺してしまう状態をいう。

POSITION LIGHTS　ポジション・ライト：位置灯
航空機に設置されている灯火をいい、左主翼先端には赤色灯、右主翼先端には緑色灯、尾部には白色灯が取り付けられている。日没から日の出までの間に飛行する場合、連邦航空規則はこれらの灯火を点灯させなくてはならない、と規定している。

POSITIVE STATIC STABILITY　正の静的安定性
ある飛行状態に乱れが生じた場合、元の静的な釣り合い状態に戻ろうとする状態をいう。

POWER　パワー
仕事率、又は単位時間に行った仕事をいい、力を生み出す速度の一部であるといえる。"Power Required：必要馬力"とは、通常レシプロ・エンジンに使用される。

POWER DISTRIBUTION BUS　パワー・ディストリビューション・バス
BUS BAR を参照すること。

POWER LEVER　パワー・レバー
コクピットにあるレバーをいい、タービン・エンジンの燃料コントロール・ユニットに連結されていて、燃焼室に流れる燃料の量を調整する。

POWERPLANT　パワープラント
エンジン全体及びプロペラ、付属する補機類全てをいう。

PRACTICAL SLIP LIMIT　プラクティカル・スリップ・リミット
方向舵を一杯に踏み込んで得られる機体の最大スリップ状態をいう。

PRECESSION　プレセッション：歳差運動
ジャイロの傾斜又は回転によって、ジャイロ計器に誤差が生じてくる現象をいう。

PREIGNITION　早期着火
正常に点火される以前にシリンダー内で着火現象が発生する現象をいう。燃焼室内の一部が高温になっているため、点火以前に燃料と空気の混合気は燃焼してしまう。

PRESSURE ALTITUDE　気圧高度
高度計の、気圧規正用ウインドウの気圧目盛を 29.92 インチに調整した場合、高

度計が指示する高度をいう。この高度は、気温15℃で29.92インチになるよう較正した、理論上の基準面からの高度になる。気圧高度は密度高度、真高度、真対気速度その他の性能を求める場合に使用される。

PROFILE DRAG　形状抗力
機体外皮による全摩擦抗力及び2次元翼の形状抗力をいう。

PROPELLER　プロペラ
航空機を飛行させるため、回転して空気を後方に送り、回転面に垂直となる方向に作用する推力を生み出す装置をいう。これには、製造会社の供給する調整装置が付属している。

PROPELLER BLADE ANGLE　プロペラのブレード角
プロペラ回転面とプロペラの翼弦線のなす角度をいう。

PROPELLER LEVER　プロペラ・レバー
プロペラ回転数とプロペラをフェザー位置にするフリー・パワー・タービン・ターボプロップに付属するコントロール装置をいう。

PROPELLER SLIPSTREAM　プロペラ後流
推力を生み出し、プロペラ後方に加速された空気の体積をいう。

PROPELLER SYNCHRONIZATION　プロペラ・シンクロナイゼーション
双発機の各エンジンに取り付けられている両方のプロペラが一定回転数を保つよう、自動的にピッチを調整する装置をいう。

RAMP WEIGHT　ランプ重量
航空機がランプにいる状態での全重量をいう。離陸地点までタクシーする間に消費してしまう燃料の重量を含んでいる点が、離陸重量とは異なっている。

RATE OF TURN　旋回率
単位度あたり何秒で旋回しているかを示す率をいう。

RECIPROCATING ENGINE　レシプロ・エンジン
燃料を燃焼させた熱エネルギーをピストンの往復運動に変化させるエンジンをいう。この往復運動はコネクティング・ロッドとクランクシャフトにより、回転運動に変えられる。

REDUCTION GEAR　減速歯車
航空機エンジン内に組み込まれている歯車をいい、プロペラよりも多い回転数で回転しているエンジン回転数を減速させ、プロペラに伝える。

REGION OF REVERSE COMMAND　リージョン・オブ・リバース・コマンド
　高速度で飛行するには出力を低下させ、低速度で飛行するには出力を増加させて高度を一定に保つ飛行状態をいう。

REGISTRATION CERTIFICATE　航空機登録証明書
　航空機の所有者であることを証明する連邦政府発行の証明書をいう。

RELATIVE WIND　相対風
　翼に対し、吹き込む空気の流れてくる方向をいう。翼が前方水平に移動すると、相対風は水平、後方へ移動する。相対風は航空機の飛行経路と並行に、かつ後方へ向かう。

REVERSE THRUST　リバース・スラスト
　着陸時、ジェット・エンジンの推力を前方に作用させ、減速効果を大きくする状態をいう。

REVERSING PROPELLER　リバース・プロペラ
　フルにリバースできるピッチ・チェンジ・メカニズムを持つプロペラをいう。パイロットがスロットルをリバース位置に操作すると、プロペラ・ブレードはピッチ角を変え、スラストを逆方向に向け、着陸時、航空機を減速させる。

ROLL　ロール
　航空機の、前後軸周りの運動をいう。エルロンで操作する。

ROUNDOUT(FLARE)　ラウンドアウト(フレアー)
　着陸時、機首を上げて接地前に降下率を小さくし、速度を減速させる操作をいう。

RUDDER　ラダー：方向舵
　航空機の垂直尾翼後部に取り付けてある、可動式の主要操縦装置をいう。ラダーを操作すると、航空機は垂直軸周りの運動をする。

RUDDERVATOR　ラダーベーター
　V字型の尾翼を持つ航空機の、2つの役目をする舵面をいう。操縦桿で操作すると左右両面とも一緒に動いてエレベーターの役目をし、ラダー・ペダルを踏むと左右別々に動き、ラダーの働きをする。

RUNWAY CENTERLINE LIGHTS　滑走路中心線灯
　滑走路中心線灯は、視程の悪い状態時に精密進入を行う滑走路に設けられている。滑走路中心線に沿って、50フィート毎に設けられている。着陸時、スレッシュホールドから見ると、滑走路の残りが3,000フィートになるまで白色に見える。残り2,000フィートになると赤色と白色の相互光となり、残り1,000フィートはすべて赤色になる。

RUNWAY CENTERLINE MARKINGS　滑走路中心線
　滑走路中心線は滑走路の中心部を示し、離陸及び着陸時の目標となる。中心線は等間隔に塗られた線と、同じ間隔の塗られていない部分で構成されている。

RUNWAY EDGE LIGHTS　ランウェイ・エッジ・ライト
　ランウェイ・エッジ・ライトは夜間及び視程の悪い状況で点灯され、ランウェイのエッジ部分を表示してくれる。このライト・システムは、システムの輝度別に高輝度ランウェイ・ライト (HIRL)、中輝度ランウェイ・ライト (MIRL)、低輝度ランウェイ・ライト (LIRL) に分類されている。HIRL 及び MIRL システムには輝度調整機能があるが、LIRL は一定の輝度で点灯するようになっている。

RUNWAY END IDENTIFIER LIGHTS(REIL)　滑走路末端識別灯
　滑走路末端を照明する施設をいう。この灯火は多くの空港に取り付けられていて、滑走路のアプローチ・エンドを容易に識別できるようになっている。

RUNWAY INCURSION　ランウェイ・インカーション
　離陸滑走している航空機、離陸しようとしている航空機、着陸した航空機、着陸しようとしている航空機と、空港内で航空機、車両、人又は物品が衝突しそうになった状態をいう。

RUNWAY THRESHOLD MARKINGS　滑走路末端標識
　2種類の滑走路末端標識がある。どちらも滑走路中心線と平行な、同じ長さの線で構成されているが、滑走路の幅と比例する数の線で構成されている。滑走路末端標識は、着陸時に滑走路の開始点を識別するうえでかなり役に立つ。同様に着陸用滑走路の末端が内側に移設されている場合もあるが、この標識により判別はしやすい。

SAFETY(SQUAT) SWITCH　セイフティ (スカート)・スイッチ
　ランディング・ギアのストラットに取り付けてある電気的なスイッチをいう。航空機の重量がホイールに加わると作動するようになっている。

SCAN　スキャン
　飛行中、パイロットが計器、外部の目標等、様々な情報源を目視確認する方法をいう。

SEA LEVEL　シー・レベル (海面)
　標準大気気象状態及び高度を決める基準となる高さをいう。

SEGMENTED CIRCLE　セグメンテッド・サークル
　場周経路の情報を示す地上の施設をいう。

SERVICE CEILING　実用上昇限度

クリーン・コンフィグレーションであって、連続最大出力で最大重量の航空機が、最良上昇率速度で100フィート/分の上昇率が得られる、最大の密度高度をいう。

SERVO TAB　サーボ・タブ
主要舵面に取り付けてある補助装置で、主要な舵面が動くと自動的に反対方向に動き、操舵面の動きを空力的に補助する装置をいう。

SHAFT HORSE POWER(SHP)　軸馬力
ターボシャフト・エンジンの出力は、動力計で計測した軸馬力で表す。軸馬力は排気スラストのエネルギーを回転軸に変えた出力である。

SHOCK WAVES　ショック・ウエーブ
音速以上の速度で物体が空気中を移動すると、物体に発生する圧力波をいう。

SIDESLIP　サイドスリップ
航空機の前後軸を飛行経路と並行にしたままスリップさせることをいい、機体は水平飛行を保てない。主翼の揚力成分は、下げている翼の横方向へ向かう。

SINGLE ENGINE ABSOLUTE CEILING　片発動機での絶対上昇限度
双発機の片側発動機が不作動になった状態で、これ以上上昇できなくなる高度をいう。

SINGLE ENGINE SERVICE CEILING　片発動機での実用上昇限度
片発動機が不作動になった双発機が上昇し、50フィート/分の上昇率を維持できなくなる高度をいう。

SKID　スキッド
旋回中、航空機の尾部が、機首の描く曲線の外側になってしまう状態をいう。

SLIP　スリップ
横風着陸を行う場合、意識的に速度を減速させる、又は降下率を大きくする操作をいう。パイロットが航空機を調和した飛行状態に保てなくなった場合、無意識のうちに機体をスリップさせてしまう場合もある。

SPECIFIC FUEL CONSUMPTION　燃料消費率
1時間に1馬力の出力を発生させるために消費される、ポンドで示す燃料の量をいう。

SPEED　速度
単位時間内に移動した距離をいう。

SPEED BRAKES　スピード・ブレーキ

航空機の構造から空気流の中に飛び出し、抗力を増加させ機体を減速させる装置をいう。

SPEED INSTABILITY　速度不安定
速度を増すには出力を減少させ、減速するには出力を増加させなくてはならない領域において、乱気流を受けると全抗力により速度は低下し、旋回するとさらに速度が低下してしまう飛行状態をいう。

SPEED SENSE　速度感覚
速度の変化を感じ、直ちに反応できる能力をいう。

SPIN　スピン
失速が悪化してしまった状態で、航空機は機首を大きく下げ、らせん降下を開始する状態をいう。航空機は垂直軸周りに回転するため、上になっている翼は下側の翼より失速状態は激しくないため、ローリング、ヨーイング、ピッチングの運動をさせてしまう。

SPIRAL INSTABILITY　螺旋不安定
水平飛行時、航空機が横滑りすると、滑りと同時にその方向に旋回し、バンク角も大きくなり、旋回半径を小さくしながら螺旋状に降下し、高度を下げてしまう飛行状態をいう。

SPIRALING SLIPSTREAM　スパイラリング・スリップストリーム
プロペラ機が引き起こす、航空機の周りを流れる空気流をいう。このスリップ・ストリームは垂直尾翼の左側又は右側に当たり、わずかに機首を偏向させる原因となる。この傾向を防ぐため、機体の設計時、垂直尾翼をオフセットさせている航空機もある。

SPLIT SHAFT TURBINE ENGINE　スプリット・シャフト・タービン・エンジン
FREE POWER TURBINE ENGINE を参照すること。

SPOILERS　スポイラー
翼から空気流の中に立たせる抗力発生装置をいい、揚力を減少させ、抗力を増加させる働きをする。ロール方向の操縦にスポイラーを使用する航空機もある。両翼のスポイラーを同時に展開させると、航空機は速度を増加することなく降下することが可能となる。着陸後、スポイラーは滑走距離を短くするために使用されることもある。

SPOOL　スプール
一つ、又は複数のタービンで駆動され、一つ又は複数のコンプレッサーを駆動する、タービン・エンジン内のシャフトをいう。

STABILATOR　スタビレーター
　一体になっている航空機の水平尾翼で、中央にあるヒンジ部分を中心にして上下に動くようになっているものをいう。スタビレーターは、水平安定板とエレベーター両方の役目を持っている。

STABILITY　スタビリティ：安定性
　釣り合った飛行状態にある航空機に何らかの原因で乱れが生じた場合、元の飛行状態に戻ろうとするのか、又はさらに大きく乱れていくのか、その状態をいう。航空機の設計上、重要な要素となる。

STABILIZED APPROACH　スタビライズド・アプローチ
　着陸するためアプローチしている場合に、着陸する滑走路の延長上に決められている地点を、パイロットが一定の降下率を保って進入する状態をいう。この安定しているアプローチは、パイロットが見ている外部の目標、及び着陸形態に適した最終進入速度が保たれているか、にかかっている。

STALL　ストール：失速
　臨界迎え角を超えてしまったため、両翼表面を流れる空気流が剥離して、急激に揚力が失われてしまう状態をいう。この失速は、どのようなピッチ姿勢又は速度においても発生する可能性がある。

STALL STRIPS　ストール・ストリップ
　主翼前縁部中央に取り付けてあるスポイラーで、翼端部が失速する前に取り付けてある部分が先に失速するようにしてある。これにより、失速時にも水平方向の操縦が可能となる。

STANDARD ATMOSPHERE　標準大気
　海面上における気圧は水銀柱 29.92 インチ (in.Hg)、又は 1013.2 ミリバール、気温 15℃ (59°F) である。気圧、気温は高度が上昇するにつれ、減少する。低高度における低減率は 1,000 フィート毎に気圧 1 インチ Hg、及び気温 2℃ (3.5°F) である。海面高度上 3,000 フィート (MSL) での標準大気の気圧を計算すると 26.92in Hg(29.92 − 3)、気温は 9℃ (15 − 6) になる。

STANDARD DAY　スタンダード・デイ
　STANDARD ATMOSPHERE　標準大気を参照すること。

STANDARD EMPTY WEIGHT(GAMA)　標準空虚重量 (GAMA)
　この重量は機体構造、エンジン及び航空機に固定して装備されている飛行に必要な装備品、固定されているバラスト、ハイドロリック作動油、使用不能燃料及び定格容量のエンジン・オイルすべてを含む重量をいう。

STANDARD WEIGHTS　標準重量

重量重心位置の計算に必要な、全ての項目の重量をいう。実際の重量が解っているなら、この重量を使用してはならない。

STANDARD-RATE TURN　スタンダード・レイト・ターン：標準旋回
　360度旋回を2分間で行う、毎秒あたり3度の率の旋回をいう。

STARTER/GENERATOR　スターター/ジェネレーター
　タービン・エンジンに装備される装置をいい、エンジン始動時、この装置はエンジンを回転させるスターターとして作動し、エンジン始動後、内部の回路はジェネレーターに切り替わり、発電を開始する。

STATIC STABILITY　静安定
　釣り合い状態に乱れが生じた場合、航空機がどのように変化しようとするのか、その傾向をいう。

STATION　ステーション
　基準面から、インチで示す航空機各部までの距離をいう。従って、基準面の位置はステーション・ゼロになる。ステーション＋50で示す装備品のアームは、50インチになる。

STICK PULLER　スティック・プーラー
　航空機の速度が最大運用速度に近づいた場合、操縦桿を手前に引く装置をいう。

STICK PUSHER　スティック・プッシャー
　航空機の迎え角が失速を起こす角度に近づいた場合、操縦桿を大きく、しかも素早く前方に操作する装置をいう。

STICK SHAKER　スティック・シェイカー
　操縦桿を振動させる、人工的な失速警報装置をいう。

STRESS RISERS　ストレス・ライザー
　傷、溝、リベット用の穴、鋳造上の欠陥部分、又はその他応力が集中し、構造を破壊させるしまう部分をいう。

SUBSONIC　サブソニック：亜音速
　音速以下の速度をいう。

SUPER CHARGER　スーパー・チャージャー
　エンジンがさらに大きな出力を出せるよう、クランクシャフトでコンプレッサーを駆動し、大気圧を上回る空気圧を吸気系統に供給する装置をいう。

SUPERSONIC　スーパーソニック：超音速

音速以上の速度をいう。

SUPPLEMENTAL TYPE CERTIFICATE(STC)　サプリメンタル・タイプ・サティフィケイト (STC)
　型式証明を受けている航空機の機体構造、エンジン又は装備品を改造し、新たな型式証明を受けることをいう。

SWEPT WING　後退翼
　主翼の翼端が翼の付け根より後方になっている平面を持つ翼をいう。

TAILWHEEL AIRCRAFT　尾輪式航空機
　CONVENTIONAL LANDING GEAR を参照すること。

TAKEOFF ROLL(GROUND ROLL)　テイクオフ・ロール：離陸滑走
　航空機が浮揚するまでの距離をいう。

TARGET REVERSER　ターゲット・リバーサー
　ジェット・エンジンに組み込まれているクラムシェル型のスラスト・リバーサーで、作動させるとこのクラムシェル型のドアが開いてエンジンのテイル・パイプを塞ぎ、すべての排気を逆方向、つまり前方に向かわせる装置をいう。

TAXIWAY LIGHTS　誘導路灯
　タクシーウェイの端を示す、全方向式の青色灯火をいう。

TAXIWAY TURNOFF LIGHTS　タクシーウェイ・ターンオフ・ライト
　緑色の閃光を発する灯火をいう。

TETRAHEDRON　テトラヘドロン
　ランウェイの近くに設置されている、凧に似た大きな三角形をした四面体の構造物をいう。テトラヘドロンは風を受けて回転し、離着陸時、風向を示してくれるのでパイロットが参考にできる。

THROTTLE　スロットル
　キャブレター、又は燃料調整装置内にあるバルブをいい、エンジンに供給する燃料と空気の混合気の量を調整する。

THRUST　スラスト：推力
　質量の速度を変える力の一つをいう。この力はポンドで表されるが、時間又は率の係数を持たない。スラストの用語は、通常ジェット・エンジンに使用される。航空機を前方に飛行させる力となる。

THRUST LINE　スラスト・ライン：推力線

プロペラ・ハブの中心を通る仮想の線をいい、プロペラの回転面と直角になっている。

THRUST REVERSERS　スラスト・リバーサー
　ジェットの排気をスラストと逆の方向に向かわせる装置をいう。

TIMING　タイミング
　飛行を一定、かつスムーズに行うため、様々な操作を必要な段階に行う時期をいう。

TIRE CORD　タイヤ・コード
　タイヤの強度を増加させるため、タイヤ内に編んだ金属線を積層させた構造をいう。このコードが外側から見えるようになった場合、次に飛行する前に必ずタイヤを交換しなければならない。

TORQUE　トルク
　1．回転、又はねじれに対する抵抗力をいう。
　2．回転運動、又はねじれを発生させる力をいう。
　3．航空機の場合、エンジン及びプロペラの回転方向と逆方向に回転 (ロール) しようとする傾向をいう。

TORQUE METER　トルク・メーター
　大型レシプロ・エンジン、又はターボプロップ・エンジンの計器をいい、エンジンの発生するトルクを指示する。

TORQUE SENSOR　トルク・センサー
　TORQUE METER を参照すること。

TOTAL DRAG　全抗力
　有害抗力と誘導抗力を足した抗力をいう。

TOUCHDOWN ZONE LIGHTS　タッチダウン・ゾーン・ライト：接地帯灯
　ランウェイの接地帯にあり、中心線をはさんで左右両側、対称的に設けられている、2 組の灯火の列をいう。

TRACK　トラック：航跡
　飛行時、地上に描く実際の経路をいう。

TRAILING EDGE　後縁
　翼型の上面と下面を流れた空気流が再び合流する、翼の部分をいう。

TRANSITION LINER　トランジション・ライナー
　燃焼ガスをタービン・プレニュームに向かわせる燃焼室の部分をいう。

用語集

TRANSONIC　トランソニック
　遷音速をいう。

TRANSPONDER　トランスポンダー
　航空機に装備する2次捜索レーダー・システムをいう。地上のレーダー施設の電波を受信すると、トランスポンダーは応答波を発射する。

TRICYCLE GEAR　3車輪式着陸装置
　航空機の機首部分に3つ目のホイールを持つ着陸装置をいう。

TRIM TAB　トリム・タブ
　可動する舵面に取り付けられる小さな可動装置をいい、これを調整し、操舵力のバランスを取る。

TRIPLE SPOOL ENGINE　3スプール・エンジン
　通常、ターボファン・エンジンは、ファンをN_1コンプレッサー、中間のコンプレッサーをN_2、高圧コンプレッサーをN_3と呼び、これらは別々のシャフトに組み込まれていて、異なる回転数で回転する。

TROPOPAUSE　トロポポーズ：圏界面
　成層圏と対流圏の間にある層をいい、水蒸気及びこれを伴う気象変化が成層圏に及ばないよう、防止している。

TROPOSPHERE　トロポスファー：成層圏
　緯度によって異なるが、高度20,000フィートから60,000フィートに広がる大気の層をいう。

TRUE AIR SPEED　トルー・エアー・スピード：真対気速度
　較正対気速度に高度及び温度補正をした速度をいう。高度が高くなるにつれ空気密度は減少するため、ピトー圧と静圧の差が同じであっても、高度が高くなるにつれ航空機はより速く飛行することができる。従って較正対気速度が一定であっても高度が高くなるにつれ真対気速度は増加し、真対気速度を一定にすると、高度が高くなるにつれ較正対気速度は減少する。

TRUE ALTITUDE　真高度
　航空機が飛行している位置から海面までの実際の垂直距離、つまり実際の高度をいう。平均海面上からの高度(MSL)をフィートで示す。航空図に示されている空港、地形及び障害物の高さは全て真高度である。

T-TAIL　T尾翼
　水平安定板を垂直尾翼の最上部に、T字型に配置している航空機をいう。

TURBINE BLADES　タービン・ブレード
　　タービン・アッセンブリーの、膨張した燃焼ガスのエネルギーを吸収し、回転エネルギーに変える部分をいう。

TURBINE OUTLET TEMPERATURE(TOT)　タービン出口温度
　　タービン部分を出た燃焼ガスの温度をいう。

TURBINE PLENUM　タービン・プレニューム
　　燃焼ガスを集め、タービン・ブレードに流す燃焼室の部分をいう。

TURBINE ROTORS　タービン・ローター
　　シャフトに取り付けられ、タービン・ブレードを正しい位置にしているタービン・アッセンブリーの部分をいう。

TURBINE SECTION　タービン・セクション
　　高温高圧の燃焼ガスを回転エネルギーに変化させるエンジン部分をいう。

TURBOCHARGER　ターボチャージャー
　　排気エネルギーで駆動される空気圧縮器をいい、キャブレター又は燃料噴射装置を経由してエンジンに送られる空気圧を高くする。

TURBOFAN ENGINE　ターボファン・エンジン
　　エンジンのケース内にあるコンプレッサー、又はタービン・ブレードを延長し、より多くのスラストを発生させるターボジェットをいう。この長いブレードは、エンジンの外側ケースと内側ケースの間をバイパスする空気流を流す。このバイパスされた空気流は燃焼に使用されないものの、スラストを大きくする効果を持っている。

TURBOJET ENGINE　ターボジェット・エンジン
　　タービンで駆動されるコンプレッサーを装備し、これで空気を吸入、圧縮して燃料を燃焼させ、この燃焼ガスでタービンを駆動するとともにジェット推進力、つまりスラストを生み出すエンジンをいう。

TURBPROP ENGINE　ターボプロップ・エンジン
　　減速歯車の装置を通じ、プロペラを駆動するタービン・エンジンをいう。多くの排ガスの持つエネルギーは、航空機を飛行させるエネルギーではなく、トルクに変換される。

TURBULENCE　タービュレンス：乱気流
　　空気の流れが不安定な状態になると発生するもの。

TURN COORDINATOR　ターン・コーディネーター

傾斜したジンバル内にあるレイト・ジャイロでロール運動及びヨー運動を感知する装置をいう。現在の航空機では、ターン・アンド・スリップ・インディケーターの代わりとして多く使用されている。

TURN-AND-SLIP INDICATOR　ターン・アンド・スリップ・インディケーター：旋回滑り計
　レイト・ジャイロでヨー・レイトを指示し、曲がったガラス製の管でできている傾斜計で重力と遠心力の関係を指示する飛行計器をいう。ターン・アンド・スリップ・インディケーターはバンク角とヨー・レイトの関係を指示する。ターン・アンド・バンク・インディケーターともいわれる。

TURNING ERROR　ターニング・エラー：旋回誤差
　マグネチック・コンパスの持つ誤差の一つをいい、コンパスカードが傾斜することを防いでいるディップ・ウェイトが原因となっている。旋回中、又は北半球において北方向に向かって飛行する場合、及び南半球において南方向に飛行する場合に発生する。旋回誤差は、南及び北に旋回する場合、ある程度のリードを取ってロールアウトする必要がある。

ULTIMATE LOAD FACTOR　終局荷重
　強度試験において航空機の機体又は構造が破壊してしまう強度、又は計算上破壊が予想される強度をいう。

UNFEATHERING ACCUMULATOR　アンフェザリング・アキュムレーター
　プロペラをアンフェザーする場合に使用する、加圧したオイルを蓄えておくタンクをいう。

UNICOM　ユニコム
　タワー又はFSSの設置されていない公共用空港で、情報等の空/地交信を行うために設けられている、航空官公庁以外の機関が設置している送受信施設をいう。

UNUSABLE FUEL　使用不能燃料
　エンジンで使用できない燃料をいう。この燃料の重量は、航空機の空虚重量に含まれている。

USEFUL LOAD　有効搭載量
　パイロット、コーパイロット、乗客、荷物、使用可能燃料及び抽出可能なオイルの重量をいう。許容最大重量から基本空虚重量を引いた値である。この用語は小型航空機にのみ使用される。

UTILITY CATEGORY　ユーティリティ・カテゴリー：U類航空機
　パイロット席を除き9座席以下で、承認されている最大離陸重量12,500ポンド以下の一部の曲技飛行を目的とする航空機をいう。

V-BARS　Vバー
　アティテュード・インディケーター内に表示されるフライト・ディレクターの指示装置をいい、パイロットに操縦に関する指示を表示する。

V-SPEEDS　Vスピード
　様々な飛行状態での速度をいう。

VAPOR LOCK　ベーパー・ロック
　燃料システム内に空気が入り込んで、エンジン再始動が困難、又は不能になってしまう状態をいう。燃料タンク内の燃料を使い果たし、空にしてしまったような場合、空気が燃料系統内に入ってしまいベーパー・ロックを起こす可能性もある。燃料噴射式エンジンの場合、燃料系統内の燃料が高温になり、燃料がシリンダーに送られなくなる場合もある。

V_A　V_A
　設計運動速度をいう。この速度は"乱気流時の速度"であり、荒い操作が可能な最大速度でもある。飛行中乱気流と遭遇したとか、タービュランスに巻き込まれた場合、速度をこの設計運動速度、又はこれ以下に減速し、航空機の機体構造に加わる応力を軽減する。この速度を参照する場合、機体重量を考慮しなければならない。例えば航空機の重量が重い場合、V_A は 100 ノットになり、機体が軽い場合、90 ノットに過ぎない可能性もある。

VECTOR　ベクトル
　力のベクトルとは、力の大きさとその方向を図で表したものをいう。

VELOCITY　速度
　ある方向へ向かう速さ、又は移動する率をいう。

VERTICAL AXIS　バーティカル・アクシス：垂直軸
　航空機の重心位置を垂直に貫く、仮想の線をいう。この垂直軸は Z 軸、ヨー・アクシスともいわれる。

VERTICAL CARD COMPASS　バーティカル・カード・コンパス
　ヘディング・インディケーターと同じように、垂直になっている方位を記したカードで、方位を示す航空機のシンボルにより現在の機首方位を示すマグネチック・コンパスをいう。渦電流 (Eddy Current) で動きを減衰させているため、旋回中のリード及びラグを最小にしている。

VERTICAL SPEED INDICATOR(VSI)　バーチカル・スピード・インディケーター：昇降計
　静圧を使用し、上昇率又は降下率を毎分当たりのフィートで指示する計器をいう。VSI は垂直速度計 (Vertical Velocity Idicator：VVI) ともいわれる。

VERTICAL STABILITY バーチカル・スタビリティー
　航空機の垂直軸周りに関する安定性をいう。ヨーイング安定、方向に関する安定性ともいわれる。

V_{FE}　フラップ下げ速度
　フラップを下げた状態での最大速度をいう。白色弧線の最上部の速度である。

V_{FO}　フラップ操作速度
　フラップの上げ及び下げ操作を行える最大速度をいう。

VFR TERMINAL AREA CHARTS(1:250,000)　VFR ターミナル・エリア・チャート (25万分の1)
　クラスBエアスペース内を飛行する航空機が、互いに他の航空機との間隔を維持するために使用する、クラスBエアスペースを示す航空図をいう。この航空図には地形、視認できる目標、航法援助無線施設、空港、飛行制限区域、障害物及びそれらのデータも示されている。

V-G DIAGRAM　V-G 線図
　速度と荷重倍数の関係を示す線図をいう。特定の機体重量、形態、高度及びある速度と一致する場合にのみ、この線図に当てはまる。様々な速度における安全な荷重倍数の限界値も示されている。

VISUAL APPROACH SLOPE INDICATOR(VASI)　進入角指示灯
　広く使用されている、進入角度を目視できる装置をいう。VASI は、滑走路のスレッシュホールドから4ノーティカル・マイル、滑走路のセンターライン10度の範囲内にある障害物を回避できるように設置されている。

VISUAL FLIGHT RULES(VFR)　有視界飛行方式
　有視界飛行気象状態において、連邦航空規則で定められている飛行方式をいう。

V_{LE}　着陸装置下げ速度
　着陸装置を下げることができる速度をいう。ランディング・ギアを下げたまま安全に飛行できる最大速度である。

V_{LOF}　リフト・オフ速度
　航空機が浮揚する速度をいう。離陸時、航空機が滑走路から浮き上がる速度である。

V_{LO}　着陸装置操作速度
　着陸装置を操作できる速度をいう。引き込み脚を装備する航空機が、安全に上げ下げ操作を行える最大速度をいう。

V_{MC}　最小操縦速度

双発機において、突然一方のエンジンが故障してしまった場合、正常に作動しているエンジンを離陸出力にし、航空機を十分に操縦できる最小の速度をいう。

V_{MD}　最小抗力速度
　抗力が最小になる速度をいう。

V_{MO}　最大運用速度
　運用できる最大速度をいい、ノットで示す。

V_{NE}　超過禁止速度
　機体構造を破壊する可能性があるため、これ以上での飛行は認められない速度をいう。速度計には赤色放射線で示されている。

V_{NO}　構造上の最大巡航速度
　気流が穏やかな状態を除き、これ以上の速度での飛行を認められない速度をいう。緑色弧線の最上部の速度である。

V_P　ミニマム・ダイナミック・ハイドロプレーニング速度
　ダイナミック・ハイドロプレーニングを起こす最小速度をいう。

V_R　ローテーション速度
　離陸するため、パイロットが機首上げ操作を開始する速度をいう。

V_{SO}　失速速度、又は着陸形態で飛行可能な最小速度
　小型機の場合、最大着陸重量の航空機を着陸形態(着陸装置下げ、フラップ下げ)にした場合の失速速度をいう。白色弧線の下限に相当する。

V_{S1}　特定の形態における失速速度、又は最小定常飛行速度
　多くの航空機の場合、クリーンな形態(着陸装置上げ、フラップ上げ)で最大離陸重量における、パワー・オフ失速速度をいう。緑色弧線の下限に相当する。

V_{SSE}　片発動機での安全速度
　双発機の飛行訓練時に、臨界発動機を不作動にさせた場合、維持すべき最小の速度をいう。

V-TAIL　V尾翼
　2枚の尾翼を傾け、V字型に配置し、エレベーターとラダーの機能を持たせた航空機をいう。固定されている部分は水平安定板及び垂直安定板として機能する。

V_X　最良上昇角速度
　一定の距離飛行する間に、最も高度を獲得できる速度をいう。短距離離陸、又は障害物を飛び越す場合、この速度で行う。

用語集

V$_{XSE}$　片発動機不作動時の最良上昇角速度
　小型双発機において、片方のエンジンが故障した場合、一定の距離を飛行する間に最も高度を獲得できる速度をいう。

V$_Y$　最良上昇率速度
　一定の時間内に、最も高度を獲得できる速度をいう。

V$_{YSE}$　片発動機不作動時の最良上昇率速度
　小型双発機において、片方のエンジンが故障した場合、一定の時間飛行する間に最も高度を獲得できる速度をいう。

WAKE TURBULENCE　ウェーク・タービュランス
　航空機が揚力を発生すると、翼端には渦、つまりウイングチップ・ボルテックスが発生し、これをいう。航空機が揚力を発生すると、主翼下面の高圧になっている部分から、低圧の翼上面に向かう空気の流れが発生する。この流れは渦状になり、翼端渦、又はウェーク・タービュランスといわれる。

WASTE GATE　ウエスト・ゲート
　ターボチャージャーを装備するレシプロ・エンジンの排気管内にある、可動式のバルブをいう。このバルブは、ターボチャージャーを出た排気の量によって開度を変化させる。

WEATHERVANE　ウエザーベーン：風見効果
　相対風の方向に向こうとする航空機の性質をいう。

WEIGHT　重量
　物体の重さをいう。重力の力により、物体は地球(あるいは他の天体)の中心に引き寄せられる。重量は物体の質量に、その場所における重力加速度をかけた値になる。航空機に作用する4つの力の1つである。この重量は、航空機の重量と等しい。そして、航空機の重心位置から地球の中心に向かって作用する。重量は揚力と逆方向に作用する。

WEIGHT AND BALANCE　ウエイト・アンド・バランス：重量重心
　航空機の重量が最大で、しかも重心位置が許容限界範囲内で、飛行中に機体の重量が変化しても限界範囲内に留まっているなら、この航空機の重量重心は正しい、といえる。

WHEEL BARROWING　ホイール・バローイング
　離着陸時、操縦桿を前方に操作してしまい、機体がノーズホイールのみで滑走している状態をいう。

WIND CORRECTION ANGLE　ウインド・コレクション・アングル：偏流修正角

コースと航跡を一致させるため、風による偏流を修正する角度をいう。

WIND DIRECTION INDICATORS　ウインド・ディレクション・インディケーター：風向計
　吹流し、T字型の風向計、テトラヘドロン等、風向を指示する装置をいう。使用滑走路及び風向を目視で判断するために使用する。

WIND SHEAR　ウインド・シアー
　水平方向、垂直方向に風速及び風向、又は両方が突然変化してしまう状態をいう。

WINDMILLING　ウインドミリング：風車状態
　空気がプロペラを回転させてしまう状態をいう。

WINDSOCK　ウインドソック：吹流し
　ポールの上に、自由に方向を変えられるように取り付けてあり、両側に開口部のある筒状の布で、風の吹いてくる方向を指示するものをいう。

WING　ウイング：翼
　胴体の両側に取り付けてあり、飛行中、その表面が航空機に主たる揚力を発生させる。

WING AREA　ウイング・エリア：翼面積
　エンジン・ナセル及び、上から見た場合、胴体に隠されてしまう部分を含む、翼全体の面積(平方フィート示す)をいう。

WING SPAN　ウイング・スパン：翼幅
　一方の翼端から反対側の翼端までの最大距離をいう。

WING TWIST　ウイング・トゥイスト：ねじり下げ
　失速に近づくような大きな迎え角になっても、エルロンの効果が得られるようにする設計方法をいう。

WINGTIP VORTICES　ウイングチップ・ボルテックス：翼端渦
　飛行中、航空機の翼端に発生する速度の速い渦をいう。その渦による乱気流の強度は、航空機の重量、速度及び形態によって異なる。ウェーク・タービュランスともいわれる。大型機の発生するこの渦は、小型航空機にとってとても危険である。

YAW　ヨー
　航空機の垂直軸周りの回転運動をいう。

YAW STRING　ヨー・ストリング

パイロットから見えるよう、風防、又は機首に取り付けた毛糸を言い、航空機のスリップ、又はスキッドを指示してくれる。

ZERO FUEL WEIGHT　ゼロ燃料重量
　燃料を除き、すべての有効搭載量を搭載した航空機の重量をいう。

ZERO SIDESLIP　ゼロ・サイドスリップ
　片方の発動機が不作動になっている双発機で、少しバンクを取り、わずかに調和の取れていない飛行状態にし、機体を飛行方向に一致させ、抗力を最小にする飛行方法をいう。

ZERO THRUST(SIMULATED FEATHER)　ゼロ・スラスト(模擬フェザー)
　あたかもプロペラをフェザー状態にしたようにする、エンジンを低出力にする操作をいう。

訳 者

佐藤　裕（さとう　ゆたか）
1944 年　東京都生
1967 年　法政大学工学部機械工学科卒
　　　　　防衛庁省委託第 14 期民間操縦訓練生
1970 年　朝日ヘリコプター（現朝日航洋）入社
1972 年　毎日新聞社入社。航空部勤務

主要訳書
『ダイナミックス オブ ヘリコプター フライト』（鳳文書林出版販売）
『ロータークラフト・フライング・ハンドブック』（鳳文書林出版販売）
『ベル 206 を飛ばす』（鳳文書林出版販売）
『セスナ 172 取扱法』（鳳文書林出版販売）
『アドバンスド・アビオニクス・ハンドブック』（鳳文書林出版販売）

監修者

赤星珪一（あかぼし　けいいち）
1941 年　京都市生
1964 年　海上保安大卒
　　　　　防衛庁委託幹部操縦士課程
1966 年　海上保安庁各航空基地飛行士、及び飛行長
1983 年　海上保安庁航空管理官専門官
1985 年　（株）ジャムコ　飛行試験室課長、次長及び部長
2005 年　日本航空機操縦士協会編集委員会委員
2014 年　日本航空機操縦士協会運航技術委員会委員

© All right reserved Yutaka Sato, Keiichi Akaboshi

平成 27 年 5 月 25 日　初版発行　　　　　　印刷　㈱ディグ

双発機の操縦

佐藤　裕訳　赤星珪一監修

発行　鳳文書林出版販売㈱
〒 105-0004　東京都港区新橋 3-7-3
Tel 03-3591-0909　Fax 03-3591-0709　E-mail info@hobun.co.jp

ISBN978-4-89279-423-0　C3053　Y3400E　　　　定価　本体価格　3,400 円＋税